Push your Career Publish your Thesis

Science should be accessible to everybody. Share the knowledge, the ideas, and the passion about your research. Give your part of the infinite amount of scientific research possibilities a finite frame.

Publish your examination paper, diploma thesis, bachelor thesis, master thesis, dissertation, or habilitation treatises in form of a book.

A finite frame by infinite science.

An Imprint of

Infinite Science GmbH

MFC 1 | Technikzentrum Lübeck

BioMedTec Wissenschaftscampus

Maria-Goeppert-Straße 1

23562 Lübeck

book@infinite-science.de

www.infinite-science.de

Bandherausgeber

Alfred Mertins
Institut für Signalverarbeitung
University of Lübeck
mertins@isip.uni-luebeck.de

Reihe: Medizinische Ingenieurwissenschaft und Biomedizintechnik

Diese Reihe umfasst Werke der Medizinischen Ingenieurwissenschaft und Biomedizintechnik, deren Themen strategisch unter den Zukunftstechnologien mit hohem Innovationspotenzial anzusiedeln sind. Als wesentliche Trends dieser Forschungsgebiete, sind die Schlüsselbereiche Computerisierung, Miniaturisierung und Molekularisierung zu nennen. Bei der Computerisierung sind dabei die inhaltlichen Schwerpunkte beispielsweise in der Bildgebung und Bildverarbeitung gegeben. Die Miniaturisierung spielt unter anderem bei intelligenten Implantaten, der minimalinvasiven Chirurgie aber auch bei der Entwicklung von neuen nanostrukturierten Materialien eine wichtige Rolle, und die Molekularisierung ist in der regenerativen Medizin aber auch im Rahmen der sogenannten molekularen Bildgebung ein entscheidender Aspekt. Forschungs- und Entwicklungspotenzial werden auch der Biophotonik und der minimal-invasiven Chirurgie unter Berücksichtigung der Robotik und Navigation zugeschrieben. Querschnittstechnologien wie die Mikrosystemtechnik, optische Technologien, Softwaresysteme und Wissenstechnologien sind dabei von hohem Interesse.

Nadine Traulsen

Beschleunigtes Magnetic Particle Imaging

Untersuchung des Einsatzes von Compressed Sensing für die Signalaufnahme

Medizinische Ingenieurwissenschaft und Biomedizintechnik — Band 8

Herausgeber: Alfred Mertins

© 2015 Infinite Science Publishing
der BioMedTec Wissenschaftsverlag Lübeck

Ein Imprint der Infinite Science GmbH,
MFC 1 | BioMedTec Wissenschaftscampus
Maria-Goeppert-Straße 1
23562 Lübeck

Cover Design, Illustration: Uli Schmidts, metonym
Copy Editing: University of Lübeck, Institut für Signalverarbeitung

Publisher: Infinite Science GmbH, Lübeck, www.infinite-science.de
Print: Books on Demand GmbH, Norderstedt

ISBN Paperback: 978-3-945954-09-6

Bibliografische Information der Deutschen Nationalbibliothek:
Die Deutsche Nationalbibliothek verzeichnet diese Publikation in der Deutschen Nationalbibliografie; detaillierte bibliografische Daten sind im Internet über http://dnb.d-nb.de abrufbar.

Bibliographic information published by the Deutsche Nationalbibliothek
The Deutsche Nationalbibliothek lists this publication in the Deutsche Nationalbibliografie; detailed bibliographic data are available in the internet at http://dnb.d-nb.de.

Kurzfassung

Das bildgebende Verfahren Magnetic Particle Imaging (MPI) ist in der Lage, die räumliche Verteilung eines magnetischen Tracers mit hoher räumlicher und zeitlicher Auflösung darzustellen. Dabei können diese beiden Parameter klassischerweise nicht unabhängig voneinander gesteigert werden, stattdessen bedingt eine Erhöhung der zeitlichen Auflösung eine Verringerung der räumlichen Auflösung. In dieser Arbeit wird Compressed Sensing (CS) zur Abtastung und Rekonstruktion des MPI-Signals eingesetzt, um die Signalaufnahme zu beschleunigen und damit die zeitliche Auflösung zu erhöhen. Dieses Verfahren ermöglicht eine verlustfreie Rekonstruktion des Bildes mit gleichbleibender räumlicher Auflösung. Die erzielte Beschleunigung resultiert dabei aus der Aufnahme eines unterabgetasteten Messsignals mit wesentlich weniger Abtastwerten als durch das Nyquist-Shannon'sche Abtasttheorem vorgegeben. Mit einem Rekonstruktionsverfahren, das den Anforderungen von CS entspricht, kann das Bild aus diesem Signal exakt rekonstruiert werden. In verschiedenen Experimenten konnte gezeigt werden, dass CS erfolgreich zur Beschleunigung der MPI-Bildgebung eingesetzt werden kann. Neben einer kürzeren Messdauer für die Bildaufnahme kann durch das hier vorgestellte Verfahren ebenfalls die Aufnahmezeit der Systemmatrix sowie ihr Speicherbedarf verringert werden.

Vorwort

Diese Arbeit ist im Rahmen des Studiengangs Medizinische Ingenieurwissenschaft der Universität zu Lübeck entstanden. Dabei wurde das Thema am Institut für Signalverarbeitung der Universität zu Lübeck ausgegeben und von Prof. Dr. Alfred Mertins betreut. Die in dieser Arbeit verwendeten MPI-Daten wurden freundlicherweise aus dem Institut für Medizintechnik der Universität zu Lübeck zur Verfügung gestellt. Dafür möchte ich mich an dieser Stelle noch einmal bei Mandy Ahlborg und Prof. Dr. Thorsten M. Buzug bedanken.

Inhaltsverzeichnis

1 Einleitung

Magnetic Particle Imaging (MPI) ist eine neue Bildgebungsmodalität, die im Jahre 2001 von Bernhard Gleich bei Philips Research in Hamburg entwickelt und 2005 erstmals veröffentlicht wurde [GW05]. Diese Technik ermöglicht es, die räumliche Verteilung eines magnetischen Tracers zu bestimmen und gehört daher zu den indirekten Verfahren in der Bildgebung. Im Gegensatz zu direkten Verfahren wie der Computertomografie (CT) oder der Magnetresonanztomografie (MRT) werden keine morphologischen Eigenschaften des zu untersuchenden Objektes erfasst sondern lediglich Eigenschaften des Tracers für die Bildentstehung genutzt. MPI basiert auf dem nichtlinearen Magnetisierungsverhalten eines magnetischen Tracers und ist in der Lage, durch die magnetischen Eigenschaften die räumliche Verteilung des Tracers direkt zu erfassen. In der kontrastverstärkten MRT wird beispielsweise derselbe Tracer verwendet. Dieser kann dort jedoch nur indirekt abgebildet werden, da der Einfluss des Tracers auf das Relaxationsverhalten von Protonen gemessen wird, jedoch nicht der Tracer selbst. Aus diesem Grund ist die Sensitivität von MPI mehrere Größenordnungen größer als die der MRT [KB12]. Verglichen mit anderen funktionellen Bildgebungsmodalitäten wie der Positronen-Emissionstomografie (PET) oder der Einzelphotonen-Emissionstomografie (SPECT) ist MPI in der Lage, eine deutlich höhere räumliche Auflösung zu liefern, vgl. Tabelle 1.1, was einen weiteren Vorteil dieses Verfahrens darstellt. Die zeitliche Auflösung ist ebenfalls wesentlich höher und erlaubt sogar Echtzeitaufnahmen. Diese Eigenschaft ist insbesondere für die *in-*

	CT	MRI	PET	MPI
Auflösung	0,5 mm	1 mm	4 mm	< 1 mm
Aufnahmezeit	1 s	1 s - 1 h	1 min	< 0,1 s
Sensitivität	niedrig	niedrig	hoch	hoch
Schädigung	Röntgenstrahlen	Erwärmung	β/γ-Strahlen	Erwärmung

Tabelle 1.1: Charakteristische Parameter verschiedener Bildgebungsmodalitäten im Vergleich [KB12].

vivo-Bildgebung von besonderer Bedeutung. Bereits im Jahre 2009 wurden die ersten MPI-Videoaufnahmen vom schlagenden Herzen einer Maus veröffentlicht [WGRB09]. Daher ergibt sich als wichtige Anwendungsmöglichkeit von MPI beispielsweise die Darstellung des Blutflusses zur Diagnostik von Erkrankungen der Koronararterien. Weitere mögliche Anwendungsgebiete in der Medizin sind alle heutigen tracerbasierten Anwendungen von MRT, PET und SPECT, z.B. in der Krebsdiagnostik [KB12].

Obwohl die hohe räumliche und zeitliche Auflösung zu den Stärken von MPI gehören, können diese beiden Parameter nicht beliebig und unabhängig voneinander gesteigert werden. Bisher ist eine Erhöhung der räumlichen Auflösung oder des Signal-Rausch-Verhältnisses (SNR) nur auf Kosten einer verringerten zeitlichen Auflösung möglich, sodass stets ein Kompromiss aus Ortsauflösung, Bildrate und Signalqualität eingegangen werden muss. Die Geschwindigkeit der Signalaufnahme wird bei MPI durch den maximal zulässigen Wärmeeintrag in das untersuchte Gewebe limitiert. Daher kann die Stärke und Frequenz der verwendeten Magnetfelder für eine beschleunigte Signalaufnahme nicht beliebig gesteigert werden. Dennoch wäre eine Steigerung der Bildrate denkbar, wenn zur Rekonstruktion eines Bildes nur ein Bruchteil der üblicherweise verwendeten Messdaten nötig wäre. Diesen Ansatz verfolgt die im Jahre 2006 in der Signalverarbeitung vorgestellte Methode des Compressed Sensing (CS) zur Abtastung von Signalen [Don06]. Dieses Verfahren ermöglicht es unter geeigneten Voraussetzungen, Signale mit weitaus weniger Abtastwerten, als durch das Nyquist-Shannon'sche Abtasttheorem vorgegeben [Nyq49], verlustfrei zu rekonstruieren. Im Bereich medizinischer Anwendungen konnte für MRT bereits gezeigt werden, dass CS eine Möglichkeit zur signifikanten Reduktion der Aufnahmezeit bietet [LDP07, LDSP08]. Im Zusammenhang mit MPI gibt es einen Ansatz zur Lösung der Signalgleichung mit einer komprimierten, spärlichen Systemmatrix [LBR$^+$12]. Damit soll durch eine Reduktion der Rechenzeit eine echtzeitfähige Rekonstruktion ermöglicht werden. Selbst bei hohen Kompressionsfaktoren werden gute Ergebnisse ohne signifikanten Verlust der Bildqualität erreicht. Diese Methode schöpft die Möglichkeiten von CS jedoch nicht vollständig aus, denn sie erfordert die vollständige Aufnahme der Systemmatrix und des Messvektors. In den Arbeiten [Gla13, KW13, Web12] wurde CS erstmals angewendet, um die Anzahl der Kalibrierungsmessungen zur Bestimmung der Systemmatrix zu reduzieren. Dabei wird einerseits auf den enormen Speicherbedarf der Systemmatrix eingegangen sowie andererseits auf eine Verkürzung ihrer Aufnahmezeit. Bei einer Reduktion der Kalibrierungsmessungen auf 20% der ursprünglichen Daten zeigen die Ergebnisse der spärlich rekonstruierten Systemmatrizen keine erkennbaren Unterschiede zur vollständig aufgenommenen Systemmatrix.

Diese Arbeit untersucht, ob CS zur Beschleunigung der MPI-Signalaufnahme eingesetzt werden kann. Das Ziel ist eine Erhöhung der zeitlichen Auflösung zu erreichen ohne die Bildqualität zu verringern. Dabei soll die Messdauer verkürzt werden, indem lediglich eine reduzierte Anzahl an Messwerten aufgenommen wird. Durch den Einsatz geeigneter Verfahren kann mit der Methode des CS eine verlustfreie Rekonstruktion des Bildes erreicht werden. Diese angestrebte Reduktion der Messwerte erfordert eine Betrachtung der MPI-Signalgleichung im Zeitbereich. Aus diesem Grund werden zunächst die Eigenschaften des Messsystems, was im Falle von MPI die Eigenschaften der Systemmatrix betrifft, im Hinblick auf günstige Voraussetzungen für eine Anwendung von CS im Zeitbereich untersucht. Anschließend wird in konkreten Anwendungsbeispielen die Eignung von CS zur Verringerung der Messdauer bei MPI überprüft. Der Fokus liegt dabei insbesondere auf den Fragestellungen, wie viele Messwerte für eine verlustfreie Rekonstruktion benötigt werden, wie diese am geschicktesten erzeugt werden sollten und welche weiteren Faktoren den Erfolg der Rekonstruktion beeinflussen. Neben einer kürzeren Datenaufnahme hat die hier angestrebte Anwendung von CS zwei weitere Vorteile: Einerseits kann die Aufnahmezeit der Systemmatrix unter geeigneten Bedingungen stark reduziert werden, auf der anderen Seite kann der Speicherbedarf der Systemmatrix verringert werden, da zur Rekonstruktion nicht die vollständige Matrix erforderlich ist.

Diese Arbeit ist folgendermaßen gegliedert: In Kapitel 2 wird zunächst auf die physikalischen Grundlagen und das Funktionsprinzip von MPI eingegangen. Anschließend werden die Voraussetzungen für eine Anwendung von CS sowie die Methode selbst ausführlich erläutert. Kapitel 3 geht auf die verwendeten Daten und Methoden ein. Dabei werden Details zur Anwendung von CS erläutert und die Simulation von CS bei MPI dargelegt. In Kapitel 4 werden die Ergebnisse vorgestellt und diskutiert, Kapitel 5 fasst die Ergebnisse noch einmal zusammen und gibt einen Ausblick auf Anwendungsmöglichkeiten, die sich aus den gewonnenen Erkenntnissen ergeben.

2 Grundlagen

Dieses Kapitel ist thematisch in zwei Teile gegliedert. Der erste Teil dieses Kapitels beschäftigt sich mit den physikalischen Grundlagen und dem Funktionsprinzip von Magnetic Particle Imaging (MPI). Im zweiten Teil dieses Kapitels wird die Methode des Compressed Sensing (CS) zur Rekonstruktion unterabgetasteter Signale vorgestellt.

2.1 Magnetic Particle Imaging

MPI ist eine relativ neue Bildgebungsmodalität, mit deren Hilfe die räumliche Verteilung von magnetischen Materialien innerhalb eines lebenden Organismus bestimmt werden kann. Dabei werden Ortsauflösungen im Submillimeterbereich und Bildraten von mehr als 10 Hz erreicht. Im Folgenden wird erläutert, wie bei der MPI-Bildgebung die Signale entstehen, die im Anschluss zur Generierung eines Bildes genutzt werden können [GW05]. Dabei werden kurz zwei verschiedene Methoden zur Ortskodierung vorgestellt, die Einzel-Voxel-Methode und die Drive-Field-Methode. Anschließend wird auf die Rekonstruktion der Partikelverteilung eingegangen. Aus Gründen der Übersichtlichkeit wird zunächst nur auf die 1D-Bildgebung eingegangen. Die mehrdimensionale Bildgebung wird anschließend gesondert betrachtet.

2.1.1 Signalentstehung

Bei der MPI-Bildgebung wird ausgenutzt, dass die Magnetisierung von superparamagnetischen Eisenoxid-Nanopartikeln nichtlinear von der Stärke eines äußeren Magnetfelds abhängt. Ohne ein äußeres Feld fluktuieren die magnetischen Momente der Partikel $\mathbf{m}_j$ aufgrund ihrer thermischen Energie. Die Gesamtmagnetisierung $\mathbf{M}$ im Volumen ΔV

$$\mathbf{M} = \frac{1}{\Delta V} \sum_{j=1}^{N_\mathrm{P}} \mathbf{m}_j \tag{2.1}$$

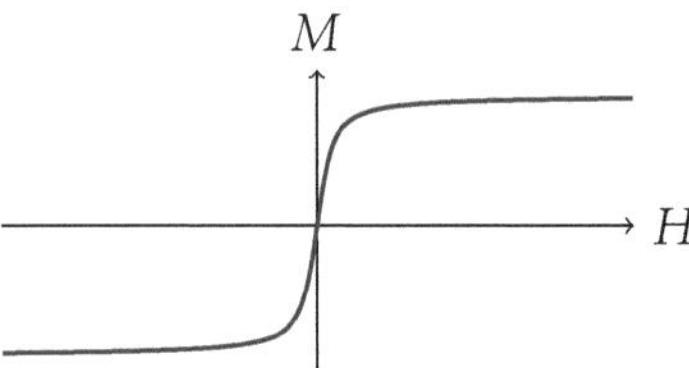

Abbildung 2.1: Nichtlinearer Magnetisierungsverlauf von superparamagnetischen Nanopartikeln. Eine Erhöhung der magnetischen Feldstärke H, der die Partikel ausgesetzt sind, führt zu einer nichtlinearen Zunahme der Magnetisierung M. Ab einer bestimmten Feldstärke kann die Magnetisierung der Partikel nicht weiter gesteigert werden. Dann ist die Sättigungsmagnetisierung erreicht.

addiert sich dann zu null. Wird das Magnetfeld erhöht, richten sich die magnetischen Momente immer stärker an diesem aus, bis sämtliche Momente parallel zum Feld stehen und sich zur sogenannten Sättigungsmagnetisierung addieren. Eine weitere Erhöhung der Magnetisierung ist dann nicht mehr möglich. Dieses Verhalten ist in Abbildung 2.1 dargestellt. Mathematisch wird das Magnetisierungsverhalten superparamagnetischer Partikel durch die Langevin-Funktion L beschrieben [Cai03, CC64]:

$$L(\xi) = \begin{cases} \coth(\xi) - \frac{1}{\xi}, & \xi \neq 0 \\ 0, & \xi = 0. \end{cases} \tag{2.2}$$

Mit ihrer Hilfe lässt sich die Magnetisierung in Abhängigkeit von der magnetischen Feldstärke H angeben:

$$M(H) = c\|\mathbf{m}\|_2 L(\beta H) \quad \text{mit} \quad \beta := \frac{\mu_0 \|\mathbf{m}\|_2}{k_\mathrm{B} T_\mathrm{P}}. \tag{2.3}$$

Dabei ist k_B die Boltzmann-Konstante, T_P die Partikeltemperatur und μ_0 die magnetische Feldkonstante. Mit $\|\mathbf{m}\|_2$ wird der Betrag des magnetischen Moments eines einzelnen Partikels bezeichnet, bei

$$c = \frac{N_\mathrm{P}}{\Delta V} \tag{2.4}$$

handelt es sich um die Partikelkonzentration, die bei der MPI-Bildgebung ortsaufgelöst ermittelt werden soll. Dazu werden die Nanopartikel einem oszillierenden äußeren Magnetfeld H_E, dem sogenannten Modulations- oder Anregungsfeld mit

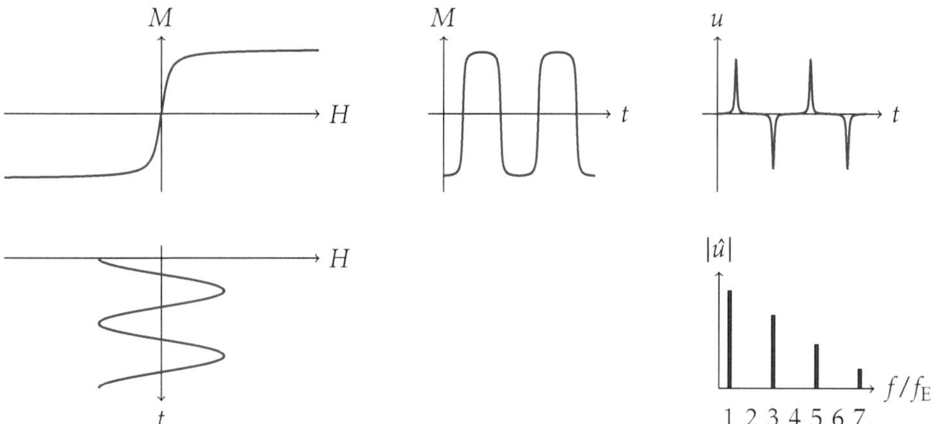

Abbildung 2.2: Signalentstehung bei MPI. In einem sinusförmigen Magnetfeld (links unten) weisen superparamagnetische Nanopartikel mit einem nichtlinearen Magnetisierungsverhalten (links oben) eine zeitlich variierende Magnetisierung mit rechteckförmiger Verzerrung auf (Mitte oben). Durch Induktion kann die zeitlich Ableitung der Magnetisierung gemessen werden (rechts oben). Die Fouriertransformierte des induzierten Signals enthält Harmonische der Anregungsfrequenz f_E (rechts unten).

der Frequenz f_E, ausgesetzt:

$$H_\mathrm{E} = -A_\mathrm{E} \cos\left(2\pi f_\mathrm{E} t\right). \tag{2.5}$$

Ist die Amplitude A_E des Modulationsfeldes ausreichend hoch, dann wird der dynamische Bereich der Magnetisierungskurve vollständig durchlaufen. Einem weiteren Ansteigen der Feldstärke kann die Magnetisierung anschließend nicht mehr folgen. Sie verharrt im quasi-statischen Sättigungszustand, bis die Feldstärke wieder weit genug gesunken ist und den dynamischen Bereich erneut in die andere Richtung durchläuft. Auch bei negativen Feldstärken stellt sich anschließend ein quasi-statischer Sättigungszustand ein. Da der lineare Bereich der Magnetisierungskurve bei diesem Vorgang weit überschritten wird, zeigt die Magnetisierung nicht denselben sinusförmigen Zeitverlauf wie die magnetische Feldstärke, sondern weist, wie in Abbildung 2.2 veranschaulicht, eine rechteckförmige Verzerrung mit nahezu sprunghaften Änderungen auf. Die zeitliche Änderung der Magnetisierung $M(t)$, die durch das Modulationsfeld H_E hervorgerufen wird, kann in einer sogenannten Empfangsspule detektiert werden, da sie eine Spannung $u(t)$ induziert:

$$u(t) \propto \frac{\partial M(t)}{\partial t}. \tag{2.6}$$

Damit kann die erzeugte Magnetisierung durch Ausnutzen des Prinzips der elektromagnetischen Induktion, vgl. Abschnitt A.1, gemessen werden. Dabei zeigt die induzierte Spannung, wie in Abbildung 2.2 dargestellt, während einer Periodendauer $T_R = 1/f_E$ zwei Peaks, die dann auftreten, wenn die Partikel ihre Ausrichtung ändern.

Jedoch induziert neben der Partikelmagnetisierung auch das oszillierende Anregungsfeld eine Spannung $u_E(t)$, sodass in der Empfangsspule das überlagerte Signal

$$u_{\text{ges}}(t) = u(t) + u_E(t) \tag{2.7}$$

gemessen wird. Die durch das Anregungsfeld induzierte Spannung ist mehr als sechs Größenordnungen größer als das Partikelsignal [KB12], daher ist eine direkte Unterscheidung zur Separierung des interessanten Partikelsignals schwer möglich. Betrachtet man hingegen die Frequenzspektren, enthält das Spektrum der durch das Modulationsfeld induzierten Spannung nur die Anregungsfrequenz f_E, während das Spektrum des Partikelsignals darüber hinaus auch höhere Harmonische der Anregungsfrequenz enthält. Dabei lassen sich die Fourierkoeffizienten durch

$$\hat{u}_{\text{ges}} = \frac{1}{T_R} \int_0^{T_R} u_{\text{ges}}(t) \exp^{-2\pi i k f_E t} dt \quad \text{mit} \quad k \in \mathbb{Z} \tag{2.8}$$

berechnen.

Aus Gründen der Unterscheidbarkeit sollte das Anregungsfeld, wie es bereits in Gleichung 2.5 definiert wurde, einen sinusförmigen Verlauf aufweisen. Beispielsweise durch Verwendung eines Bandstopp-Filters kann dann die Anregungsfrequenz entfernt werden, sodass nur noch die höheren Harmonischen des Partikelsignals vorhanden sind. Dieses Signal kann dann genutzt werden, um die vorliegende Partikelkonzentration zu bestimmen. Bevor diese Methode jedoch für die Bildgebung eingesetzt werden kann, muss sie um eine Ortskodierung erweitert werden, mit deren Hilfe die Partikelkonzentration ortsaufgelöst gemessen werden kann.

2.1.2 Ortskodierung

Bisher wurde betrachtet, wie bei MPI ein Signal entsteht. Um dieses Signal einem Ort im Raum zuordnen zu können, wird die Ortskodierung eingeführt. Dabei wird das Anregungsmagnetfeld zusätzlich mit einem zeitunabhängigen Gradientenfeld

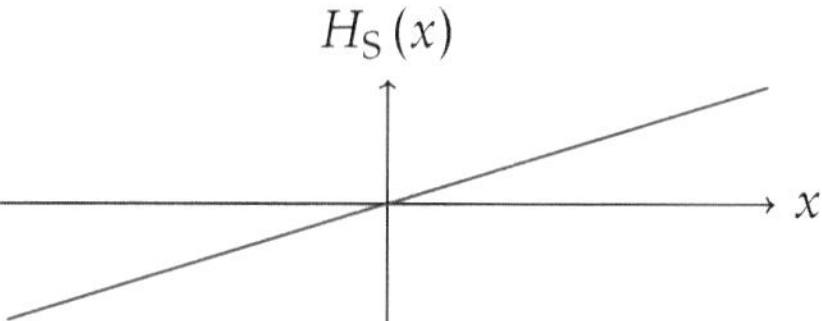

Abbildung 2.3: Das Selektionsfeld erzeugt in Anhängigkeit von der räumlichen Position x ein magnetisches Offsetfeld. Dieses zusätzliche Magnetfeld wird zur Ortskodierung benötigt.

H_S, dem sogenannten Selektionsfeld, überlagert. Das Selektionsfeld sorgt dafür, dass abhängig von der räumlichen Position ein magnetisches Offsetfeld entsteht. Abbildung 2.3 zeigt dies für den 1D-Fall. Dies führt dazu, dass das resultierende Magnetfeld $H(x,t)$

$$H(x,t) = H_S(x) + H_E(t) \qquad (2.9)$$

an einem definierten Ort null ist und von dort ausgehend in alle Richtungen in seiner Magnitude zunimmt. Dieser Ort wird feldfreier Punkt (FFP) genannt. In Abhängigkeit von dem durch das Selektionsfeld vorhandenen Magnetfeldoffset zeigen die magnetischen Partikel an verschiedenen Orten unterschiedliche Reaktionen auf das applizierte Anregungsfeld. Partikel in einer kleinen Region um den FFP befinden sich im dynamischen Bereich ihres Magnetisierungsverlaufs und erzeugen eine zeitabhängige Magnetisierung, wenn sie dem oszillierenden Anregungsfeld ausgesetzt sind. Partikel außerhalb dieser Region befinden sich in Sättigung und tragen daher nicht zum Messsignal bei. In Abbildung 2.4 wird die Partikelantwort auf das oszillierende Anregungsfeld noch einmal in Abhängigkeit von einem durch das Selektionsfeld erzeugten Offset betrachtet. Exemplarisch wird die Signalantwort im FFP und einem Punkt, an dem sich die Partikel in Sättigung befinden, illustriert.

Diese Ortsabhängigkeit kann nun in Abhängigkeit von verschiedenen Parametern, wie z.B. der zeitlichen Auflösung, dem Signal-Rausch-Verhältnis (SNR) oder dem Aufwand einer Kalibrationsmessung und Rekonstruktion, auf unterschiedliche Arten zur Ortskodierung ausgenutzt werden. Im Folgenden werden die Einzel-Voxel-Methode und die Drive-Field-Methode näher erläutert, die bereits bei ersten Anwendungen von MPI vorgestellt wurden [GW05].

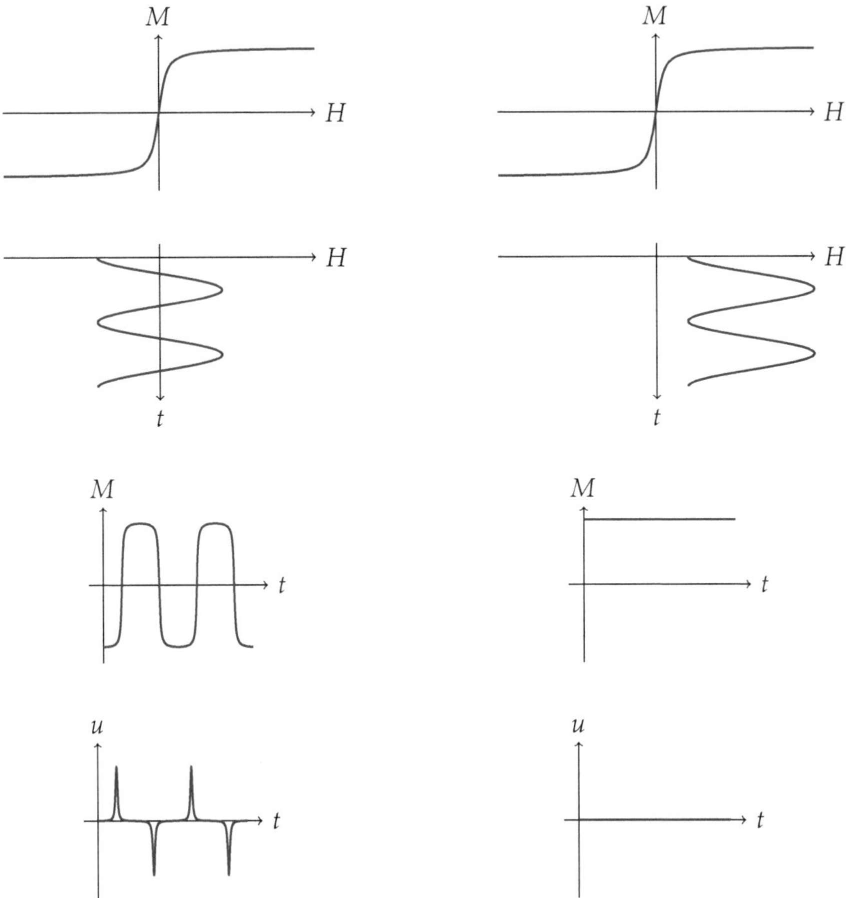

Abbildung 2.4: Signalantwort für Partikel im FFP und im Sättigungszustand. Die erste Spalte stellt die Antwort der Partikel im FFP dar. Die betrachteten Partikel in der zweiten Spalte befinden sich hingegen in Sättigung. In der ersten Zeile sind die zugrunde liegenden nichtlinearen Magnetisierungsverläufe dargestellt. Sie sind für Partikel beider Zustände gleich. Die zweite Zeile zeigt die örtlich wirkenden Magnetfelder als Überlagerung aus Anregungs- und Selektionsfeld. Während das Magnetfeld im FFP auf den dynamischen Bereich des Magnetisierungsverlaufs wirkt und eine veränderliche Magnetisierung erzeugt, wirkt es außerhalb des FFP auf den Sättigungsbereich, was dazu führt, dass die Magnetisierung in diesem Bereich konstant ist. Daher erzeugen nur Partikel im FFP durch die sich ändernde Magnetisierung ein Signal, für Partikel im Sättigungszustand wird keine Spannung gemessen.

Einzel-Voxel-Methode

Bei der Einzel-Voxel-Methode wird die Signalantwort nacheinander an verschiedenen räumlichen Positionen gemessen. Dabei wird für das Modulationsfeld eine geringe Amplitude genutzt, was dazu führt, dass keine signifikante Bewegung des FFPs stattfindet und das gemessene Signal daher aus einer definierten Region, beispielsweise einem Voxel, kommt. In diesem Fall wird eine Ortskodierung dadurch erreicht, dass entweder das Objekt oder der FFP an diskrete Positionen verschoben werden. Für das gemessene Signal an einem Ort gilt, dass die Summe der Amplituden der Harmonischen proportional zur vorliegenden Partikelkonzentration ist, vgl. Gleichung 2.3. Unter Kenntnis des Spektrums einer Einheitsprobe kann somit die Partikelkonzentration an einer Messposition ermittelt werden. Das Bild erhält man schließlich durch Zuordnung der Magnitude einer oder mehrerer Harmonischen der Spektren zu den jeweiligen Ortspositionen. In der Praxis werden an dieser Stelle mehrere Harmonische genutzt, um das SNR und die Auflösung zu verbessern.

Trotz dieser recht einfachen Methode zur Ortskodierung und Bestimmung der Partikelkonzentration in einem Voxel, hat dieses Verfahren den Nachteil, dass es sehr langsam ist. An jeder Abtastposition muss eine vollständige MPI-Messung mit der Dauer $T_R = 1/f_E$ durchgeführt werden und anschließend muss die Probe mechanisch verschoben werden. Außerdem führt die geringe Amplitude des Modulationsfeldes zu einem geringen SNR. Um dies zu kompensieren müsste über mehrere Aufnahmen gemittelt werden, was dazu führen würde, dass keine in-vivo Aufnahmen mit zufriedenstellender räumlicher und zeitlicher Auflösung gemacht werden könnten.

Drive-Field-Methode

Die langsame, mechanische Bewegung der Probe zwischen den einzelnen Messungen bei der Einzel-Voxel-Methode kann kompensiert werden, indem der FFP auf einer kontinuierlichen Trajektorie über die Probe bewegt wird. Erhöht man beispielsweise die Amplitude des Anregungsfeldes, bewegt sich der FFP während einer Messung entlang des Feldvektors des Anregungsfeldes und verbleibt nicht wie bei der Einzel-Voxel-Methode an der Position des abzubildenden Voxels. Das Magnetfeld, das diese Bewegung des FFPs realisiert, wird Drive-Field genannt. Zur Abgrenzung von der Einzel-Voxel-Methode wird hier der englische Begriff verwendet. „Drive-Field" und „Anregungsfeld" können jedoch äquivalent genutzt werden. Für ein sich in x-Richtung ausbreitendes Drive-Field $\mathbf{H}_\mathrm{D}$ mit Amplitude A_{D_x}

$$\mathbf{H}_\mathrm{D}(t) = -A_{\mathrm{D}_x} \cos\left(2\pi f_\mathrm{E} t\right)\mathbf{e}_x \tag{2.10}$$

ergibt sich das resultierende Gesamtmagnetfeld aus der Überlagerung des Drive-Fields mit dem Selektionsfeld mit Gradienten G_x in x-Richtung:

$$H_x(x,t) = -A_{\mathrm{D}_x} \cos\left(2\pi f_\mathrm{E} t\right) + G_x x. \tag{2.11}$$

Da für den FFP gilt, dass er sich genau dort befindet, wo das Gesamtmagnetfeld null ist, also

$$H_x(x_\mathrm{FFP}, t) = 0 \tag{2.12}$$

gilt, kann der Ort des FFP zu jedem Zeitpunkt t genau bestimmt werden:

$$x_\mathrm{FFP}(t) = \frac{A_{\mathrm{D}_x}}{G_x} \cos\left(2\pi f_\mathrm{E} t\right). \tag{2.13}$$

Für den hier betrachteten 1D-Fall entlang der x-Richtung bedeutet dies, dass sich der FFP im Intervall

$$\left[-\frac{A_{\mathrm{D}_x}}{G_x}, \frac{A_{\mathrm{D}_x}}{G_x}\right] \tag{2.14}$$

bewegt. Dieser Bereich wird Messfeld (FOV) genannt. Da das Drive-Field die Aufgabe des Modulationsfeldes übernimmt, wird das Modulationsfeld in dieser Methode überflüssig.

Die schnelle Bewegung des FFPs führt dazu, dass sich lokal die Magnetisierung sprunghaft ändert, sobald der FFP eine Position erreicht, an der sich magnetische Partikel befinden. Die Änderung der Magnetisierung induziert, wie in Unterabschnitt 2.1.1 beschrieben, in der Empfangsspule eine Spannung, die höhere Harmonische der Frequenz des Anregungsfeldes, in diesem Fall des Drive-Fields, enthält. Dieses Signal enthält nun allerdings nicht mehr ausschließlich Informationen eines Voxels, sondern Beiträge von verschiedenen Voxeln entlang der Trajektorie des FFP. Dabei hat das Selektionsfeld nicht nur die Aufgabe sicherzustellen, dass es zu jedem Zeitpunkt genau einen eindeutigen Messort, nämlich den FFP, gibt, sondern durch die Offsetfeldstärke wird an jedem Ort ein für diese Position charakteristisches Signal erzeugt. In Abbildung 2.5 ist der Einfluss der Offsetfeldstärke auf die Magnetisierung und daher auch auf das Spektrum dargestellt. Dadurch dass nun verschiedene Voxel zum gemessenen Signal beitragen, ist eine einfache

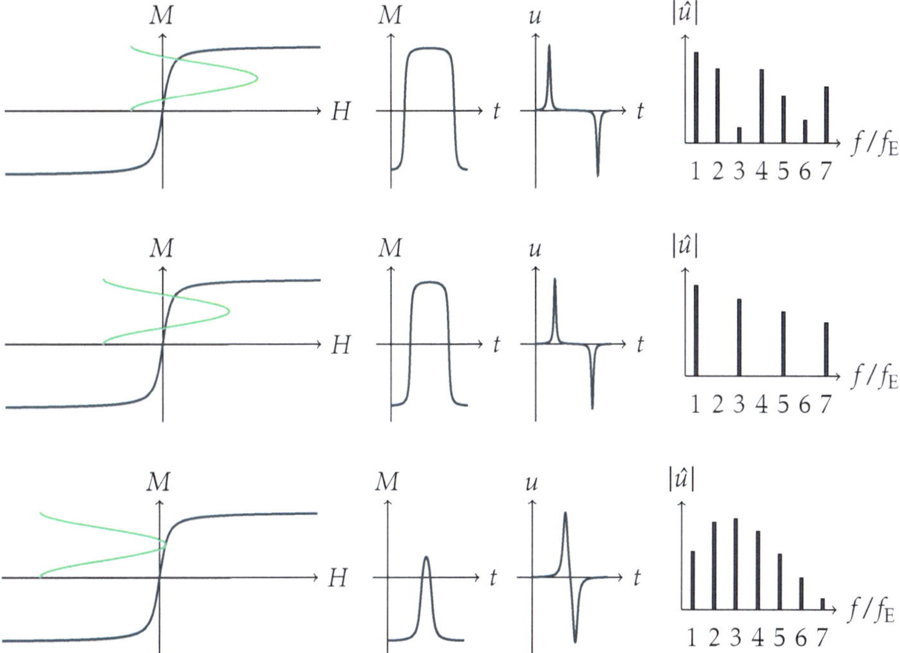

Abbildung 2.5: Signalcharakteristiken für Partikel verschiedener räumlicher Positionen auf der FFP-Trajektorie. Für einen Ort mit negativer Offsetfeldstärke (erste Zeile), einen ohne Offset (mittlere Zeile) und einen Ort mit positiver Offsetfeldstärke (untere Zeile) sind jeweils in der ersten Spalte die Magnetisierungskurven und zusätzlich die wirkenden Magnetfelder (grün) dargestellt. Die zweite Spalte zeigt den daraus resultierenden Magnetisierungsverlauf. In der dritten Spalte sind die durch die Magnetisierung induzierten Spannungen dargestellt und die letzte Spalte zeigt die Harmonischen des gemessenen Signals. Durch die unterschiedlichen Offsetfeldstärken wird an jedem Ort ein individuelles Spektrum erzeugt.

Erstellung des Bildes durch Zuordnung einer Partikelkonzentration zur Magnitude der Harmonischen wie bei der Einzel-Voxel-Methode nicht mehr möglich. Stattdessen muss ein Rekonstruktionsverfahren durchgeführt werden. Die weitere Vorgehensweise zur Rekonstruktion des Bildes wird in Unterabschnitt 2.1.3 ausführlich betrachtet.

Der entscheidende Vorteil dieser Methode liegt darin, dass die Aufnahmezeit im Gegensatz zur Einzel-Voxel-Methode deutlich verringert werden kann. Der Reduktionsfaktor liegt mindestens im Bereich der Anzahl der Voxel, die von der FFP-Trajektorie abgedeckt werden. Berücksichtigt man außerdem noch die Zeit, die zum mechanischen Verfahren der Probe eingespart wird, ist die Zeitersparnis während der Datenaufnahme noch höher. Durch die höhere Amplitude des Drive-Fields gegenüber der Amplitude des Modulationsfeldes der Einzel-Voxel-Methode wird außerdem ein besseres SNR erreicht.

Für alle weiteren Betrachtungen in dieser Arbeit wird von der Drive-Field-Methode zur Ortskodierung ausgegangen, sofern keine andere Methode angegeben wird.

2.1.3 Rekonstruktion in der MPI-Bildgebung

Die mit der Drive-Field-Methode gemessenen Signale müssen einem Rekonstruktionsverfahren unterzogen werden, um das zugrundeliegende Bild zu erhalten. Bevor dieses Verfahren erläutert wird, wird zunächst noch einmal auf die Erzeugung individueller Signale an allen Positionen im FOV in Abhängigkeit von der Zeit und damit auch von der Entfernung zum FFP eingegangen. Anschließend wird daraus die Systemfunktion für jeden Ortspunkt abgeleitet. Die gemessene induzierte Spannung, die sich aus der Überlagerung unterschiedlich gewichteter Systemfunktionen ergibt, wird durch die Systemmatrix als lineares Gleichungssystem dargestellt. Damit kann die Rekonstruktion bei MPI mathematisch als inverses Problem aufgefasst werden. Nachdem kurz unterschiedliche Methoden zur Bestimmung der Systemmatrix vorgestellt werden und auf besondere Eigenschaften der Systemmatrix hingewiesen wird, wird auf verschiedene Verfahren zur Rekonstruktion der Partikelverteilung eingegangen.

2.1.3.1 Signalgleichung

Das Selektionsfeld stellt sicher, dass der FFP während der Datenaufnahme einer eindeutigen Position im Raum zugeordnet werden kann. Wie bereits in Abbildung 2.5 gezeigt, erreicht das induzierte Signal sein Maximum genau dann, wenn die Partikel ihre Ausrichtung umkehren, also wenn sie sich im FFP befinden. Die Zeitpunkte, an denen die Maxima auftreten, sind bezüglich der Offsetfeldstärke verschoben und können mittels

$$t_1 = \frac{1}{2\pi f_E} \arccos\left(\frac{G_x}{A_{D_x}} x_{\text{offset}}\right) \quad \text{und} \quad t_2 = T_R - \frac{1}{2\pi f_E} \arccos\left(\frac{G_x}{A_{D_x}} x_{\text{offset}}\right) \quad (2.15)$$

berechnet werden. In Abbildung 2.5 ist ebenfalls zu sehen, dass die Spannungsverläufe der Maxima eine definierte Breite haben. Diese Verläufe würden auch bei unendlich kleinen Objekten auftreten und entstehen durch ein Blurring, das durch die Magnetisierungskurve hervorgerufen wird. Die Signalgleichung, die den Zusammenhang zwischen der zugrunde liegenden Partikelverteilung, der induzierten Spannung und der Spulensensitivität p_R herstellt, kann folgendermaßen angeben werden:

$$u(t) = -\mu_0 p_R \int_{-\infty}^{\infty} \frac{\partial M(x,t)}{\partial t} dx \tag{2.16}$$

$$= -\mu_0 p_R \int_{FOV} \frac{\partial M(x,t)}{\partial t} dx. \tag{2.17}$$

M gibt die in Abhängigkeit von der räumlichen Verteilung der Partikel erzeugte Magnetisierung an. Im Zeitbereich kann die Signalgleichung als Faltung der Partikelkonzentration mit der Ableitung des mittleren magnetischen Moments dargestellt werden:

$$u_x(x_{FFP}) = (c * \tilde{m})(x_{FFP}). \tag{2.18}$$

Dabei ist $\tilde{m}$ definiert als:

$$\tilde{m}(x) = -\mu_0 p_R \overline{m}'(G_x x) \quad \text{mit} \quad \overline{m}' = \frac{\partial \overline{m}}{\partial H}. \tag{2.19}$$

Eine Herleitung dieses Zusammenhangs ist in Abschnitt A.2 angegeben. Diese Betrachtung erlaubt nun einen Rückschluss auf die räumliche Verteilung der magnetischen Partikel, die mittels Entfaltung aus dem gemessenen Signal ermittelt werden kann.

Bei MPI kann die Signalgleichung unter realen Bedingungen jedoch nicht einfach als die hergeleitete Faltung aufgefasst werden. Gründe dafür sind angenommene Vereinfachungen wie ideale Magnetfelder und das Ignorieren von Relaxationseffekten. Doch in realen Anwendungen sind die Magnetfelder nicht ideal und Relaxationseffekte, die zu einem räumlich abhängigen Integralkern führen, müssen berücksichtigt werden. Ein weiterer wichtiger Grund ist, dass das vollständige Signal der induzierten Spannung für eine Betrachtung der Signalgleichung als Faltung zur Verfügung stehen muss. Da aber die Anregungsfrequenz herausgefiltert wird, um ausschließlich das Partikelsignal betrachten zu können, ist dies nicht der Fall. Daher sollte die Signalgleichung im Frequenzbereich betrachtet werden. Das ist im folgenden Unterunterabschnitt 2.1.3.2 beschrieben. Hier ist noch anzumerken, dass ebenfalls Rekonstruktionsverfahren im Zeitbereich entwickelt werden können, in der Literatur findet man dies unter *X-Space MPI*, an dieser Stelle soll darauf jedoch nicht weiter eingegangen werden.

2.1.3.2 Systemfunktion und Systemmatrix

Die Signalgleichung der induzierten Spannung im Zeitbereich, vgl. Gleichung 2.17, wird an N Ortspunkten und Zeitpunkten t diskretisiert

$$\tilde{u}(t) = \sum_{x=1}^{N} u_x(t) \tag{2.20}$$

mit

$$t = \theta \Delta t, \quad \theta = 0, \cdots, \Theta - 1 \quad \text{und} \quad \Theta = \frac{T_R}{\Delta t} \in \mathbb{N}, \tag{2.21}$$

dabei ist T_R die gesamte Messdauer.

Für einen Ort x folgt aus Gleichung 2.17 mit der Substitution

$$s(x,t) = -\mu_0 p_R \cdot \frac{\partial \overline{m}(x,t)}{\partial t}, \tag{2.22}$$

dass die durch die magnetischen Partikel an diesem Ort induzierte Spannung durch

$$u_x(t) = c(x) \cdot s(x,t) \tag{2.23}$$

ausgedrückt werden kann. Dabei wird $s(x,t)$ Systemfunktion genannt. Sie beschreibt die Spannung, die eine Punktprobe am Ort x während der Messung induzieren würde.

Betrachtet man nun das Signal, das aus der Überlagerung der Signale an allen Orten entsteht, kann der Zusammenhang als Matrix-Vektor-Produkt angegeben werden

$$\begin{pmatrix} s(1,1) & \cdots & s(N,1) \\ \vdots & \ddots & \vdots \\ s(1,T) & \cdots & s(N,T) \end{pmatrix} \cdot \begin{pmatrix} c(1) \\ \vdots \\ c(N) \end{pmatrix} = \begin{pmatrix} u(1) \\ \vdots \\ u(T) \end{pmatrix} \tag{2.24}$$

$$\Leftrightarrow S \cdot c = u. \tag{2.25}$$

Die Matrix S wird als Systemmatrix bezeichnet.

Im Frequenzbereich kann die Signalgleichung analog definiert werden. Es gilt für die k-te Frequenzkomponente der induzierten Spannung

$$\hat{u}_x(k) = c(x) \cdot \hat{s}(x,k) \tag{2.26}$$

mit

$$\hat{s}(x,k) = -\hat{a}(k)\frac{\mu_0 p_R}{T_R} \int_0^{T_R} \frac{\partial \overline{m}(x,t)}{\partial t} e^{-2\pi i k t/T_R} dt. \tag{2.27}$$

Der Faktor $\hat{a}(k)$ wird zusätzlich eingeführt. Er stellt die Transferfunktion dar, die den Bandstopp-Filter für die Unterdrückung der Anregungsfrequenz realisiert. Das lineare System im Frequenzbereich lautet dann

$$\hat{S} \cdot c = \hat{u}. \tag{2.28}$$

Dabei ist die Systemfunktion $\hat{s}(x,k)$ die 1D-Fouriertransformierte der System-funktion im Zeitbereich $s(x,t)$, korrigiert um den Bandstopp-Filter, der erst im Frequenzbereich eingeführt wird. Eine Spalte der Systemmatrix beinhaltet also die Systemfunktion der Position x und stellt die Frequenzantwort einer Einheits-probe an der jeweiligen Position dar. Eine Zeile der Systemmatrix korrespondiert hingegen zu dem räumlichen Antwortmuster einer bestimmten Frequenz k.
Die Rekonstruktion der Partikelverteilung hat sich mit den bisher unternom-menen Vorüberlegungen zu einem inversen Problem entwickelt. Es gilt also das lineare Gleichungssystem, vgl. Gleichung 2.28, zu lösen.

Bestimmung der Systemmatrix

Um mit der Lösung des linearen Gleichungssystems erfolgreich zu sein, muss zunächst die Systemmatrix bestimmt werden. Im Gegensatz zu anderen bildge-benden Verfahren, z.B. der MRT, wo dieser mathematische Operator eine Fourier-transformation ist, oder der Computertomografie (CT), bei der die Systemmatrix die durch jeden Pixel zurückgelegte Strecke für die jeweilige Projektion angibt, ist die Systemmatrix bei MPI nicht leicht zu bestimmen. Die Ursache dafür liegt vor allem daran, dass der Bildgebungsprozess durch die Dynamik der magnetischen Partikel beeinflusst wird. Damit wird an die Systemmatrix nicht nur die Anfor-derung gestellt, die Signalbildung zu beschreiben sondern auch die Dynamik der Partikel im Scanner zu berücksichtigen. Momentan wird ein messbasiertes Verfahren zur Bestimmung der Systemmatrix verwendet [GW05]. Dabei wird eine

Einheitsprobe mit der Größe eines Voxels des FOVs und bekannter Partikelkonzentration nacheinander an alle Ortspositionen verschoben und es wird jeweils eine vollständige Messung an jedem Ort durchgeführt, um dort die Systemfunktion zu bestimmen. Schrittweise kann so die gesamte Systemmatrix ermittelt werden.

Das messbasierte Verfahren führt zu einer recht genauen Bestimmung der Systemfunktion in Bezug auf die Partikeldynamik und Eigenschaften des Scanners, ist aber sehr zeitaufwändig. Angenommen die Messung an jedem Ort und das Verfahren der Probe würde 1 Sekunde dauern, dann bräuchte man etwa 73 Stunden, um die Systemmatrix für ein FOV mit $64 \times 64 \times 64$ Voxeln zu messen [Bie12]. Um eine möglichst hohe Auflösung zu erreichen, müssen sehr kleine Einheitsproben verwendet werden. Dies führt jedoch zu einem schlechteren SNR durch das geringere Messsignal und limitiert dadurch die erreichbare Auflösung. Um insbesondere die lange Messdauer der Systemmatrix zu verkürzen, wurde in [KSB$^+$10] für 1D und in [KBS$^+$10] für 2D ein modellbasierter Ansatz zur Bestimmung der Systemmatrix verfolgt. Für diesen Ansatz werden das Magnetfeld, die Magnetisierungskurve der Partikel und die Transferfunktion, die den Bandstopp-Filter beschreibt, simuliert. Dabei sind nur wenige Messungen zur Bestimmung der Transferfunktion nötig. Im Vergleich zur messbasierten Methode schneidet der modellbasierte Ansatz ein wenig schlechter ab, denn obwohl diese Systemmatrix frei von Rauschen ist, ist das verwendete Partikelmodell nur eine Annäherung und liefert deswegen weniger genaue Ergebnisse als die messbasierte Methode [KB12].

In [RWGB09] wurde ein mathematisches Modell für die 1D-Systemfunktion im Frequenzraum hergeleitet, vgl. Abschnitt A.3. Danach kann die Systemfunktion idealer Partikel, deren Magnetisierungskurve als ideale Sprungfunktion angenommen wird, durch Chebyshev-Polynome zweiten Grades $U_k(x)$ ausgedrückt werden:

$$\hat{s}_k(x) = -\frac{4m_0 \mathrm{i}}{T^{\mathrm{R}}} U_{k-1}\left(\frac{G_x x}{A_{\mathrm{D}_x}}\right) \sqrt{1 - \left(\frac{G_x x}{A_{\mathrm{D}_x}}\right)^2}. \tag{2.29}$$

Für reale Partikel mit leicht von der Sprungfunktion abweichenden Magnetisierungskurven kann die Systemfunktion als Faltung der Ableitung der Magnetisierungskurve mit dem Chebyshev-Polynom zweiten Grades dargestellt werden. Auch die 2D-Systemfunktionen weisen Ähnlichkeiten mit 2D-Tensorprodukten der Chebyshev-Polynome auf, was bisher jedoch nicht mathematisch belegt werden konnte [KB12, RWGB09].

Eigenschaften der Systemmatrix

Betrachtet man die Systemmatrix im Zeitbereich, stellt jede Zeile der Systemmatrix ein räumliches Muster der Intensität der Signalantworten aller Voxel zu dem gewählten Zeitpunkt dar. Voxel, die dicht am FFP liegen, liefern größere Beiträge zu dem Signal, das zu diesem Zeitpunkt gemessen wird, als Voxel, die weiter entfernt sind. Vergleicht man nun diese räumlichen Muster von zwei aufeinander folgenden Zeitpunkten, dann hat sich dabei die Position des FFP nur geringfügig verändert und das räumliche Muster in der Systemmatrix ist ähnlich zu dem vorigen. Diese Beobachtung trifft ebenfalls bei einer Betrachtung im Frequenzbereich zu und lässt auf eine Nichtorthogonalität und Redundanz der räumlichen Muster schließen [RGBW10]. Für die Bildakquisition erfordert diese Redundanz, dass mehr Frequenzkomponenten aufgenommen werden als Voxel zu rekonstruieren sind, wenn die volle Voxelauflösung kodiert werden soll. Auf der anderen Seite hat dies den Vorteil, dass Information von fehlenden Frequenzkomponenten nicht verloren geht, sondern auch in anderen Frequenzen kodiert ist. Daher kann man davon ausgehen, dass das Entfernen der vorderen Frequenzen zur Unterdrückung des Anregungsbands nicht zu einem signifikanten Verlust an Information führt.

2.1.3.3 Rekonstruktionsalgorithmen

Mit der Kenntnis der Systemmatrix kann nun das lineare Gleichungssystem, vgl. Gleichung 2.28, mit einem geeigneten Verfahren gelöst werden. Da die realen Messungen mit einem Rauschterm $\hat{v}$ überlagert sind

$$\tilde{u} = \hat{u} + \hat{v}, \tag{2.30}$$

ist die Messung $\tilde{u}$ nur eine Näherung des wahren Signals $\hat{u}$. Damit ist nicht garantiert, dass eine Lösung des gestörten linearen Gleichungssystems

$$\hat{S} \cdot c \approx \tilde{u} \tag{2.31}$$

existiert. Aus diesem Grund ist ein Lösungsansatz im Sinne des kleinsten quadratischen Fehlers sinnvoll. Daraus ergibt sich das folgende Minimierungsproblem:

$$\min_{c} \|\hat{S} \cdot c - \tilde{u}\|_2^2. \tag{2.32}$$

Falls $\hat{S}$ vollen Rang hat, kann dieses Problem beispielsweise durch die Moore-Penrose-Inverse gelöst werden

$$\hat{S}^{\dagger} = \left(\hat{S}^{*}\hat{S}\right)^{-1}\hat{S}^{*}. \tag{2.33}$$

Allerdings ist diese Voraussetzung nicht immer erfüllt und es ist wünschenswert auch für schlecht gestellte Probleme eine Lösung zu finden. Regularisierungsmethoden wie die Tikhonov-Regularisierung formulieren das Minimierungsproblem um, um ein besser konditioniertes Problem zu erhalten

$$\min_{c} \|\hat{S} \cdot c - \tilde{u}\|^{2}_{W} + \lambda\|c\|^{2}_{2}, \tag{2.34}$$

dabei ist $\lambda\|c\|^{2}_{2}$ der Regularisierungsterm mit Regularisierungsparameter λ und W eine Wichtungsfunktion. Dieses Minimierungsproblem kann nun durch direkte Verfahren wie beispielsweise die Singulärwertzerlegung oder durch iterative Methoden wie die Kaczmarz-Methode gelöst werden [KRS$^+$10].

2.1.4 Mehrdimensionale Bildgebung und Abtasttrajektorien

Zur Vereinfachung wurden bisher 1D Beispiele der MPI-Bildgebung betrachtet. MPI ist jedoch ein tomografisches, bildgebendes Verfahren und in der Lage, sowohl 2D-Schnittbildaufnahmen als auch 3D-Volumenaufnahmen zu erzeugen. Um diese mehrdimensionale Bildgebung zu ermöglichen, muss die Trajektorie des FFPs so erweitert werden, dass sie eine Ebene bzw. ein Volumen des abzubildenden Objektes abdeckt. Es sind nun verschiedene Trajektorien denkbar, doch die Lissajoustrajektorie, vgl. Abbildung 2.6, zeigt bisher die besten Ergebnisse [KBS$^+$09]. Diese Trajektorie entsteht durch eine Überlagerung zweier bzw. dreier Modulationsfelder

$$\mathbf{H}_{D}(t) = \begin{pmatrix} -A_{D_x}\cos\left(2\pi f_x t\right) \\ -A_{D_y}\cos\left(2\pi f_y t\right) \end{pmatrix} \tag{2.35}$$

mit leicht unterschiedlichen Anregungsfrequenzen f_x in x-Richtung und f_y in y-Richtung. Dabei ergibt sich eine geschlossene, periodische Lissajousfigur, wenn die Frequenzen ein rationales Verhältnis bilden:

$$\frac{f_x}{f_y} = \frac{N}{N-1} \tag{2.36}$$

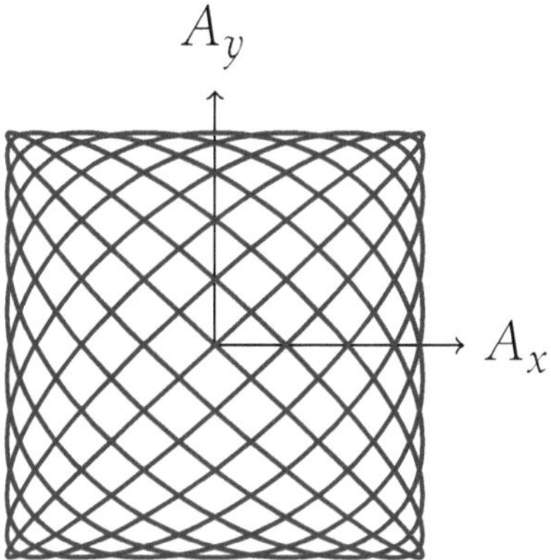

Abbildung 2.6: 2D-Lissajoustrajektorie. Aus der Überlagerung zweier Modulationsfelder entlang der x-Richtung und y-Richtung ergibt sich durch Wahl geeigneter Frequenzen eine periodische FFP-Trajektorie.

mit $N \in \mathbb{N}$. Die Frequenzen lassen sich dann auch durch eine Basisfrequenz f_B ausdrücken:

$$\begin{pmatrix} f_x \\ f_y \end{pmatrix} = \begin{pmatrix} \frac{1}{N-1} \\ \frac{1}{N} \end{pmatrix} f_B. \tag{2.37}$$

Die Periode des Anregungszyklus ist von der Wahl des Frequenzverhältnisses abhängig:

$$T_R = \frac{\mathrm{kgV}(N, N-1)}{f_B}. \tag{2.38}$$

Das Spektrum enthält dann nur Werte für Frequenzen, die direkte Vielfache der Anregungsfrequenzen oder ihrer Mischterme sind.

Bei der Wahl der FFP-Trajektorie müssen mehrere Faktoren berücksichtigt werden. Da die Empfangsspulen eine beschränkte Sensitivität besitzen, können in den gemessenen Signalen nur Frequenzen bis zu 1 MHz erfasst werden. Aus diesem Grund ist es vorteilhaft Frequenzen zu wählen, die möglichst niedrig sind, um eine große Bandbreite für das Signal zur Verfügung zu stellen. Üblicherweise werden Frequenzen gewählt, die oberhalb des hörbaren Bereichs liegen, also über 25 kHz. Außerdem sollten die Frequenzen dicht beieinander liegen, da die Anregungsfrequenzen später herausgefiltert werden und nur Frequenzen oberhalb der Anregungsfrequenzen zur Bildgebung genutzt werden [GW05].

Der Faktor $N \in \mathbb{N}$, der das Frequenzverhältnis beschreibt, gibt die Dichte der Lissajousfigur an und beschreibt damit, wie dicht die Abtastwege aneinander liegen. Die gewünschte Abtastdichte kann also durch eine entsprechende Wahl der Anregungsfrequenzen eingestellt werden, aus denen sich dann auch die Periodendauer ergibt [Bie12]. Damit können Aufnahmezeit und Auflösung zwar beliebig, jedoch nicht unabhängig voneinander, gewählt werden. In dieser Arbeit wird deshalb untersucht, ob sich die Aufnahmezeit bei fester Auflösung weiter verkürzen lässt, indem Rekonstruktionsverfahren aus dem Bereich des Compressed Sensing in der MPI-Bildgebung einsetzt werden.

2.2 Compressed Sensing

Die Theorie von Compressed Sensing (CS) beschreibt ein recht junges Verfahren zur Abtastung und Rekonstruktion von Signalen und wird in der Literatur äquivalent zu Compressive Sampling oder auch komprimierter Abtastung verwendet [Don06]. Die erstaunliche Annahme dieser Methode ist, dass spärliche oder komprimierbare Signale mit weitaus weniger Abtastwerten als durch das Nyquist-Shannon'sche Abtasttheorem vorgegeben rekonstruiert werden können, falls sie geeignete Eigenschaften aufweisen [CRT06a, CRT06b]. Zu diesen Eigenschaften zählen eine spärliche Darstellung des zu rekonstruierenden Signals bzw. Bildes, eine Inkohärenz zwischen der Signaldarstellung in der Domäne des Messsytems und der spärlichen Signaldarstellung und eine nichtlineare Rekonstruktionsmethode, die sowohl die Spärlichkeit des Bildes wie auch die Konsistenz mit den gemessenen Daten berücksichtigt. Im Folgenden werden das Prinzip von CS und die Anforderungen, die zur Anwendung von CS erfüllt werden müssen, vorgestellt.

2.2.1 Spärliche Signale

CS nutzt Eigenschaften von spärlichen, auch als dünnbesetzt oder schwachbesetzt bezeichneten, Signalen aus. Diese Signale haben nur wenige von null verschiedene Koeffizienten, was durch die 0-Norm ausgedrückt werden kann. Dabei ist die 0-Norm eines Vektors $\mathbf{x}$ definiert durch

$$\|\mathbf{x}\|_0 := \#\{i : x_i \neq 0\}. \tag{2.39}$$

Streng genommen handelt es sich bei der 0-Norm gar nicht um eine Norm, sondern um die Hamming-Distanz des Vektors $\mathbf{x}$ zum Ursprung oder Nullvektor $\mathbf{0}$. Da im Zusammenhang mit CS üblicherweise von der 0-Norm die Rede ist, wird dies hier ebenfalls so gehandhabt. In der Realität sind nur wenige natürliche Signale

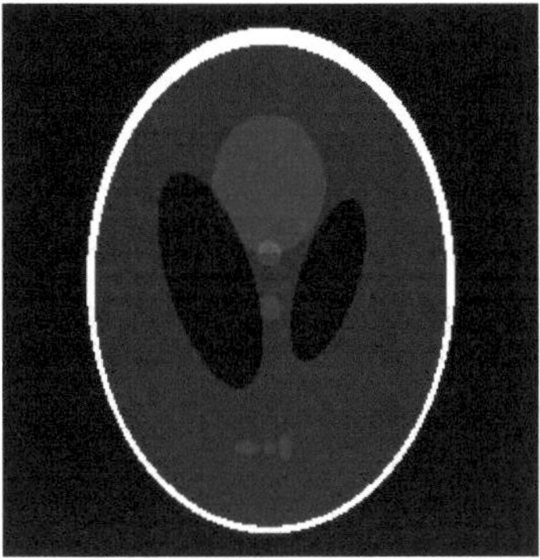 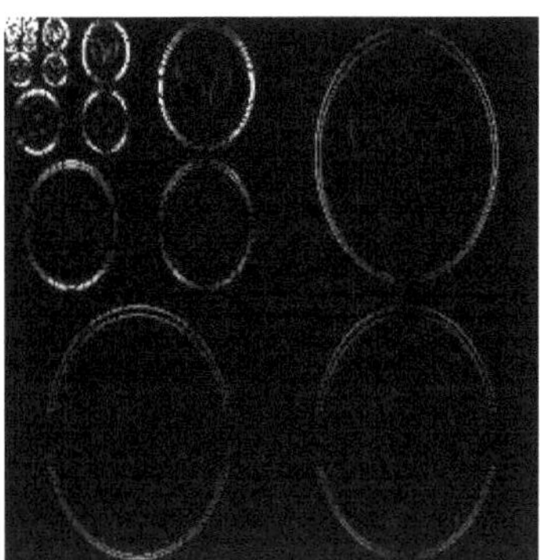

Abbildung 2.7: Wavelettransformation eines Gehirnphantoms. Das Originalbild (links) enthält viele von null verschiedene Pixel. Das Wavelet-transformierte Bild (rechts) weist nur wenige von null verschiedene Pixel auf und ermöglicht daher eine spärliche Repräsentation des Bildes.

spärlich. Wenn man sie jedoch einer geeigneten orthogonalen Transformation Ψ unterzieht, kann man ein Signal $\mathbf{x}$ in einen spärlichen Koeffizientenvektor $\mathbf{s}$ transformieren:

$$\mathbf{x} = \Psi \cdot \mathbf{s}. \tag{2.40}$$

Eine solche Transformation kann beispielsweise die Fouriertransformation oder die Wavelettransformation sein. Abbildung 2.7 illustriert ein Beispiel für die Wavelettransformation. Das Originalbild weist viele von null verschiedene Pixel auf, während das transformierte Bild eine spärliche Darstellung desselben Bildes ermöglicht. Häufig wird die Eigenschaft einer spärlichen Darstellung eines Bildes oder Signals genutzt, um den Speicherbedarf zu reduzieren. Das bedeutet, dass das Bild zuerst unter Einhaltung des Nyquist-Shannon'schen Abtasttheorems aufgenommen wird. Anschließend wird eine Reduktion der zu kodierenden Koeffizienten mittels einer geeigneten Transformation im Sinne der Bildkompression durchgeführt.

Die Idee von CS setzt an dieser Stelle an. Angenommen ein natürliches Signal soll aufgenommen werden. Dann ist aus der Signalkompression bekannt, dass das Signal in einer geeigneten Basis spärlich ist und daher nur wenige von null verschiedene Koeffizienten enthält. Wird eine Rücktransformation in die ursprüngliche Basis des Signals durchgeführt, kann das Signal nahezu verlustfrei dargestellt werden. Die Frage, mit der sich die Theorie von CS beschäftigt, ist, ob es möglich ist bei der Signalaufnahme von vornherein nur die spärlichen Koeffizienten zu messen und trotzdem eine verlustfreie Darstellung des Originalsignals zu erreichen. Damit könnte die Anzahl der benötigten Messungen deutlich reduziert werden. Für praktische Anwendungen ist dieser Ansatz sehr erstrebenswert, da die Aufnahmezeit von Signalen deutlich verringert werden könnte [LDP07]. Die Herausforderung bei der Umsetzung dieser Idee ist jedoch, die Positionen der von null verschiedenen Pixel zu bestimmen, damit genau diese gemessen werden können und eine exakte Rekonstruktion des Originalbildes erfolgen kann. Da diese üblicherweise unbekannt sind, stellt CS nicht nur an das Signal die Anforderung einer spärlichen Darstellung. Auch das Akquisitionssystem muss bestimmte Voraussetzungen erfüllen, um eine Rekonstruktion des Originalsignals zu ermöglichen. Auf diese Voraussetzungen wird im folgenden Unterabschnitt 2.2.2 eingegangen.

2.2.2 Inkohärenz zwischen Messsystem und spärlicher Signaldarstellung

Das der Messung zugrunde liegende Prinzip ist das folgende: Das aufzunehmende Signal ist spärlich, jedoch sind die Positionen der von null verschiedenen Koeffizienten nicht bekannt. Für eine exakte Rekonstruktion im klassischen Sinn müsste an jeder Position eine Messung durchgeführt werden und der Messwert wäre sehr häufig null. CS schlägt nun vor, nicht in der Domäne zu messen, in der das Signal spärlich ist, sondern in einer Domäne, in der das Signal „ausgedehnt" ist. Stellt man sich beispielsweise ein Signal vor, das im Frequenzbereich nur einen von null verschiedenen Koeffizienten besitzt, ist dieses Signal im Zeitbereich „ausgedehnt" und enthält sehr viele von null verschiedene Koeffizienten, vgl. Abbildung 2.8. Misst man nun diese Linearkombinationen der ursprünglichen Koeffizienten, enthält jede Messung Informationen über die Koeffizienten aus der spärlichen Darstellung. Ist das Messsystem geeignet gewählt, reichen wenige Messungen aus, um das Signal zu rekonstruieren [CRT06b]. Zu diesen geeigneten Eigenschaften zählt auch, dass die Messpunkte zufällig gewählt werden müssen, da sonst Aliasing auftritt. Die Unterabtastungseffekte, die bei der zufälligen Auswahl von Messwerten auftreten, sind Rausch-ähnlich und können mit geeigneten Methoden entfernt werden [Mol10], vgl. Abbildung 2.8. Diese intuitive Erläuterung der Inkohärenz des Messsystems wird im Unterabschnitt 2.2.3 noch einmal mathematisch im Zusammenhang mit der Signalrekonstruktion betrachtet.

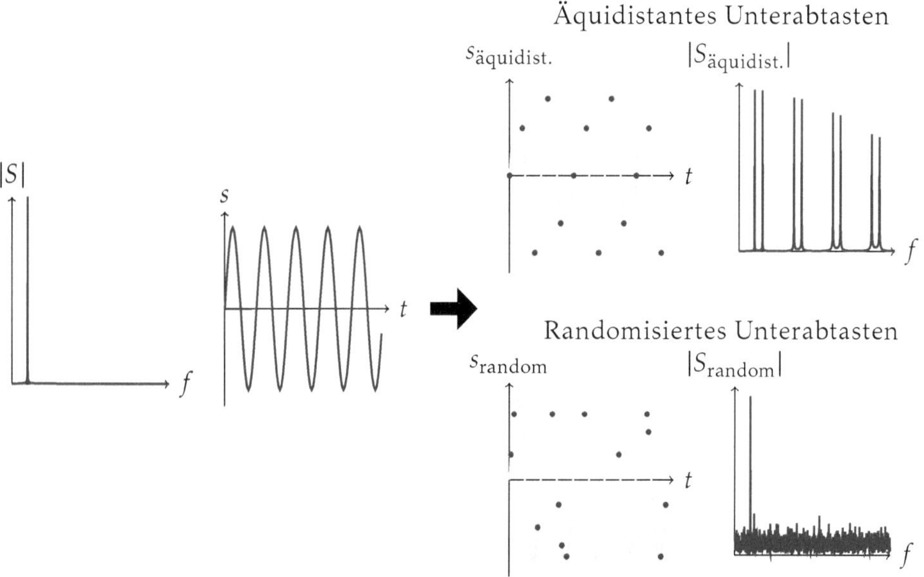

Abbildung 2.8: Inkohärenz zwischen Messsystem und Spärlichkeitstransformation. Ein spärliches Signal im Frequenzbereich (Mitte links) weist eine Ausdehnung im Zeitbereich auf (Mitte rechts). Eine Messung im Zeitbereich führt dazu, dass meistens von null verschiedene Messwerte aufgenommen werden. Bei einer zufälligen Verteilung der Abtastpunkte zeigt sich der Unterabtastungseffekt als Rausch-ähnliche Struktur (unten), die durch geeignete Methoden entfernt werden kann, während bei einer äquidistanten Wahl der Messpunkte Aliasing-Effekte auftreten, die nicht leicht zu entfernen sind (oben). Dieser Zusammenhang zwischen Messsystem und Spärlichkeitstransformation wird durch die Kohärenz beschrieben.

2.2.3 Messungen und nichtlineare Rekonstruktion

Die Aufnahme eines diskreten Signals oder Bildes kann als Skalarprodukt des Bildes selbst mit einer Testfunktion ϕ_i dargestellt werden

$$b_i = \langle \mathbf{x}, \phi_i \rangle. \tag{2.41}$$

Die Wahl der Testfunktionen ist je nach Anwendungsbereich unterschiedlich und bestimmt, in welchem Bereich die Bildaufnahme erfolgt. Sind die Testfunktionen beispielsweise die Fourierbasisfunktionen, werden Fourierkoeffizienten wie bei der MRT aufgenommen. Dabei sollten das Messsystem und die Spärlichkeitstransformation die bisher beschriebenen Zusammenhänge erfüllen. Im Folgenden wird zur Vereinfachung angenommen, dass das Signal $\mathbf{x}$ selbst k-spärlich ist, also nur k von null verschiedene Koeffizienten aufweist. Diese Einschränkung gilt im Allgemeinen jedoch nicht. Für die Anwendung von CS wird lediglich eine Spärlichkeit des Signals unter einer orthogonalen Transformation Ψ gefordert.

Der Messvorgang kann als lineares Gleichungssystem mit der reduzierten Messmatrix $\Phi \in \mathbb{C}^{m \times n}$ und dem reduzierten Messvektor $\mathbf{b} \in \mathbb{C}^m$ betrachtet werden:

$$\Phi \mathbf{x} = \mathbf{b}. \tag{2.42}$$

Da bei CS weniger Messungen durchgeführt werden als Unbekannte in dem Gleichungssystem bestimmt werden müssen, also $m < n$ gilt, handelt es sich bei Gleichung 2.42 um ein unterbestimmtes lineares Gleichungssystem. Da dieses Gleichungssystem unendlich viele Lösungen besitzt, wird zur Ermittlung der gesuchten Lösung ausgenutzt, dass der gesuchte Vektor $\mathbf{x} \in \mathbb{C}^n$ spärlich ist. Dieser Zusatz wird mit der Kostenfunktion $K(\mathbf{x})$ angegeben. Damit ist die gesuchte Lösung äquivalent zur Lösung des Optimierungsproblems:

$$(P_k): \quad \min_{\mathbf{x} \in \mathbb{C}^n} K(\mathbf{x}) \quad \text{unter} \quad \Phi \mathbf{x} = \mathbf{b}. \tag{2.43}$$

Falls K eine strikt konvexe Funktion ist, ist die Lösung von Gleichung 2.43 eindeutig.

Um die Spärlichkeit der gesuchten Lösung zu berücksichtigen, bietet sich die 0-Norm als Kostenfunktion an. Daraus lässt sich folgendes Optimierungsproblem ableiten:

$$(P_0): \quad \min_{\mathbf{x} \in \mathbb{C}^n} \|\mathbf{x}\|_0 \quad \text{unter} \quad \Phi \mathbf{x} = \mathbf{b}. \tag{2.44}$$

Die Lösung von (P_0) ist eindeutig, wenn folgende Bedingung erfüllt ist [DE11]:

$$k < \frac{\operatorname{spark}(\Phi)}{2}. \tag{2.45}$$

Dabei gibt $\operatorname{spark}(\Phi)$ die kleinste Anzahl von Spalten der Matrix Φ an, die linear abhängig sind. Mit $\operatorname{spark}(\Phi) \in [2, m+1]$ gilt dann [DE11]

$$m \geq 2k \tag{2.46}$$

für die Eindeutigkeit der Lösung von (P_0). Die Berechnung von spark($\mathbf{\Phi}$) ist ein kombinatorisches Problem und NP-schwer, daher wird die Kohärenz einer Matrix als Näherung verwendet. Hierbei ist anzumerken, dass die Kohärenz keine notwendige sondern nur eine hinreichende Bedingung darstellt. Die Kohärenz der Matrix $\mathbf{\Phi}$ ist gegeben durch

$$\mu(\mathbf{\Phi}) = \max_{1 \le i \ne j \le n} \frac{|\langle \phi_i, \phi_j \rangle|}{\|\phi_i\|_2 \|\phi_j\|_2} \tag{2.47}$$

mit $\mu(\mathbf{\Phi}) \in \left[\sqrt{\frac{n-m}{m(n-1)}}, 1 \right]$. Dabei gibt ϕ_i die i-te normierte Spalte von $\mathbf{\Phi}$ an [Ela10]. Mit $m \ll n$ kann die Kohärenz nach unten abgeschätzt werden

$$\mu(\mathbf{\Phi}) \ge \frac{1}{\sqrt{m}} \tag{2.48}$$

und damit kann nach dem Satz von Gerschgorin folgende Abschätzung gemacht werden:

$$\mathrm{spark}(\mathbf{\Phi}) \ge 1 + \frac{1}{\mu(\mathbf{\Phi})}. \tag{2.49}$$

Aus Gleichung 2.45 und Gleichung 2.49 folgt schließlich, dass die Lösung von (P_0) eindeutig ist, wenn die Spärlichkeit der Lösung die Bedingung

$$k < \frac{1}{2}\left(1 + \frac{1}{\mu(\mathbf{\Phi})}\right) \tag{2.50}$$

erfüllt [Kut12].

Die Eindeutigkeit der Lösung von (P_0) ist außerdem mit sehr hoher Wahrscheinlichkeit gegeben, wenn die Matrix $\mathbf{\Phi}$ die eingeschränkte Isometriebedingung (RIP) erfüllt [CRT06a]. Hierbei kann der Messvektor mit einem additiven Rauschen gestört sein. Die RIP-Bedingung ist erfüllt, wenn für alle k-spärlichen Vektoren $\mathbf{x}$ und für ein ausreichend kleines $\delta \ge 0$ gilt:

$$(1 - \delta)\|\mathbf{x}\|_2^2 \le \|\mathbf{\Phi}\mathbf{x}\|_2^2 \le (1 + \delta)\|\mathbf{x}\|_2^2. \tag{2.51}$$

Die RIP-Bedingung ist wie auch die Kohärenz nur eine hinreichende Bedingung. Ihre Bestimmung ist ein kombinatorisches Problem, sodass die Berechnung wenig praktikabel ist und daher oft auf die Kohärenz zurückgegriffen wird. Unter der Voraussetzung, dass die Lösung von Gleichung 2.44 eindeutig ist, ist die Bestimmung dieser Lösung nicht leicht, da die 0-Norm keine konvexe Funktion ist. Aus diesem Grund ist die Bestimmung der exakten Lösung dieses Optimierungsproblems NP-schwer und es muss für praktische Anwendungen eine Alternative gefunden werden.

Verwendet man die kleinste konvexe Kostenfunktion, die 1-Norm, und nutzt den Ansatz der ℓ_1-Minimierung zur Lösung des Optimierungsproblems [CDS98]

$$(P_1): \quad \min_{\mathbf{x} \in \mathbb{C}^n} \|\mathbf{x}\|_1 \quad \text{unter} \quad \mathbf{\Phi x} = \mathbf{b}, \tag{2.52}$$

dann ist die Äquivalenz der Lösungen $(P_0) = (P_1)$ durch die hinreichende Bedingung der Erfüllung der Kohärenz, vgl. Gleichung 2.47, oder der RIP, vgl. Gleichung 2.51, gegeben. Eine notwendige Bedingung zur Übereinstimmung der Lösungen dieser beiden Probleme kann durch Polytope formuliert werden [DT09, Kut12]. Darauf soll an dieser Stelle nicht weiter eingegangen werden.

Neben der ℓ_1-Minimierung gibt es noch weitere Rekonstruktionsverfahren, die im Bereich des CS Anwendung finden. Verschiedene Greedy-Algorithmen versuchen beispielsweise das (P_0)-Problem, vgl. Gleichung 2.44, iterativ zu lösen. Jedes dieser Verfahren stellt unterschiedliche Voraussetzungen an das Messsystem oder die erforderliche Anzahl an Messwerten für eine exakte Rekonstruktion des ursprünglichen Signals. In den meisten Fällen wird auf die zuvor vorgestellten Eigenschaften zurückgegriffen. In Abschnitt 3.3 wird auf die in dieser Arbeit verwendeten Algorithmen genauer eingegangen.

2.2.4 Kohärente und redundante Spärlichkeitstransformationen

In [CENR11] wurde die Anwendung von CS für kohärente und redundante Spärlichkeitstransformationen $\mathbf{D}$ untersucht. Dies bedeutet, dass die Matrix $\mathbf{\Phi} \cdot \mathbf{D}$ den klassischen Anforderungen von CS nicht mehr entspricht, da ihre Spalten hochgradig korreliert sind und daher insbesondere die RIP-Bedingung nicht erfüllt wird. Es konnte jedoch gezeigt werden, dass trotzdem eine exakte Rekonstruktion möglich ist, wenn die Koeffizienten $\mathbf{D}^*\mathbf{s}$ spärlich sind oder schnell gegen null abfallen und die Messmatrix $\mathbf{\Phi}$ die eingeschränkte Isometriebedingung unter $\mathbf{D}$ (D-RIP) erfüllt. Dabei ist die D-RIP Eigenschaft erfüllt, wenn

$$(1 - \delta)\|\mathbf{Ds}\|_2^2 \leq \|\mathbf{\Phi Ds}\|_2^2 \leq (1 + \delta)\|\mathbf{Ds}\|_2^2 \tag{2.53}$$

für $\delta \geq 0$ mit k-spärlichem s gilt. In [DNW13] konnte gezeigt werden, dass eine Rekonstruktion des Signals ebenfalls für schlecht konditionierte Matrizen **D** möglich ist. Aufgrund der fehlenden Orthogonalität von **D** sind die Fehler des approximierten Koeffizientenvektors und des approximierten Signals nicht mehr äquivalent und ermöglichen daher auch bei schlecht konditionierten Spärlichkeitstransformationen eine Rekonstruktion des Signals. Der Fokus liegt bei dieser Herangehensweise auf der möglichst exakten Rekonstruktion des Originalsignals im Signalraum und vernachlässigt eine exakte Rekonstruktion des Koeffizientenvektors durch die Spärlichkeitstransformation. Zur Demonstration dieser Anwendung wurde in [DNW13] der Compressive Sampling Matching Pursuit (CoSaMP) aus [NT10] zur Rekonstruktion im Signalraum verwendet, in diesem Zusammenhang auch SSCoSaMP genannt. Diese Implementierung weist häufig höhere Rekonstruktionsraten auf als klassische CS-Algorithmen, die eine Orthogonalität von **D** erwarten. Für detaillierte Informationen sei auf [DNW13] verwiesen.

2.2.5 Unterabtastrate bei Compressed Sensing

Für viele Anwendungen von CS ist insbesondere die Unterabtastrate von Interesse, da sie den entscheidenden Vorteil gegenüber einer Abtastung nach dem Nyquist-Shannon'schen Abtasttheorem darstellt. Dabei kann die maximale Unterabtastrate von mehreren Faktoren beeinflusst werden. Falls bekannt ist, dass das gesuchte Signal k-spärlich ist und ausschließlich nichtnegative Einträge enthält, reichen unter geeigneten Voraussetzungen $m = 2k + 1$ Messungen zur exakten Rekonstruktion des Signals aus [BCT11]. Ist hingegen nur bekannt, dass das Signal k-spärlich ist, müssten unter der Nebenbedingung, dass k/n klein ist, wobei n die Anzahl der zu rekonstruierenden Werte angibt, $m = 2\log(n/m) \cdot k$ Messungen für eine verlustfreie Rekonstruktion durchgeführt werden. Typischerweise ist das genaue Spärlichkeitslevel k jedoch nicht bekannt und daher kann die Anzahl der für eine verlustfreie Rekonstruktion benötigten Messungen nur geschätzt werden. In [CRT06b, Don06] wird folgende Abschätzung für die Anzahl der benötigten Messungen gegeben:

$$m \geq C \cdot k \log \frac{n}{k}. \tag{2.54}$$

Mit Gleichung 2.54 ist nach [CRT06b, Don06] mit hoher Wahrscheinlichkeit eine verlustfreie Rekonstruktion möglich, wenn die Messmatrix gaußverteilte Einträge aufweist. In [CENR11] wird für schnelle Transformationen, wie die schnelle Fouriertransformation (FFT), unter Einhaltung des D-RIPs folgende Abschätzung gemacht:

$$m \geq C \cdot k \log n. \tag{2.55}$$

In dieser Arbeit wird eine verlustfreie Rekonstruktion unterabgetasteter MPI-Messsignale im Zeitbereich untersucht. Dabei ist weder das Spärlichkeitslevel des Signals bekannt noch weist das Messsystem eine der zuvor genannten Eigenschaften auf. Aus diesem Grund ist eine Schätzung der benötigten Messwerte für eine exakte Rekonstruktion nicht möglich. Verschiedene Rekonstruktionsexperimente sollen zeigen, welche Zusammenhänge zwischen dem Spärlichkeitslevel, der Anzahl der zu rekonstruierenden Pixel und der Anzahl der benötigten Messwerte bestehen.

3 Methoden

Die Anwendung von Compressed Sensing (CS) für die Beschleunigung der Signalaufnahme bei Magnetic Particle Imaging (MPI) stellt verschiedene Bedingungen an das bildgebende System. Dabei sind die Eigenschaften der Systemmatrix im Zeitbereich von besonderem Interesse. Im Folgenden werden die Methoden, die zur Untersuchung dieser Eigenschaften eingesetzt wurden, erläutert. Zuerst wird dabei auf zwei der drei Anforderungen eingegangen, die CS zur verlustfreien Rekonstruktion an das System stellt: Spärlichkeit und Inkohärenz. Anschließend werden die zur Rekonstruktion verwendeten Algorithmen vorgestellt. Sie erfüllen die ebenfalls geforderte Nichtlinearität. Zuletzt wird die Simulation der Anwendung von CS bei MPI ausführlich erläutert. Im Fokus steht dabei die Erzeugung reduzierter Messmatrizen und Messvektoren.

3.1 Spärlichkeit

Für die Anwendung von CS ist die Spärlichkeit des Signals, bzw. im Fall von MPI des Bildes, eine notwendige Voraussetzung. Dabei muss das Bild selbst nicht spärlich sein, sondern lediglich eine Spärlichkeit unter einer orthogonalen Transformation aufweisen, vgl. Unterabschnitt 2.2.1. In dem hier betrachteten Anwendungsfall von MPI handelt es sich bei den erzeugten Bildern um Angiografien, da nur die von dem Tracer durchflossenen Blutgefäße dargestellt werden. Aus diesem Grund wird zunächst davon ausgegangen, dass das zu rekonstruierende Bild selbst spärlich ist. Daraus folgt, dass die Spärlichkeitstransformation die Einheitsmatrix ist:

$$\Psi = E. \tag{3.1}$$

Für erste Experimente zur Untersuchung der Anwendungsmöglichkeit von CS bei MPI scheint diese Annahme gerechtfertigt. Sollte sich zeigen, dass dies für reale Anwendungen nicht zutrifft, kann nachträglich noch eine geeignete Spärlichkeitstransformation hinzugefügt werden.

Die Annahme einer Spärlichkeit des Bildes ist für die Untersuchung einer erfolgreichen Anwendung von CS nicht ausreichend, da dieser Erfolg von der Größenordnung der Spärlichkeit beeinflusst wird. Daher wird in Experimenten zu klären sein, wie hoch die Spärlichkeit sein muss, um eine exakte Rekonstruktion zu gewährleisten.

3.2 Inkohärenz

Wie bereits in Unterabschnitt 2.2.2 erläutert, wird bei CS zur verlustfreien Rekonstruktion eine möglichst hohe Inkohärenz zwischen dem Messsystem und der Spärlichkeitstransformation benötigt. Die verwendete Spärlichkeitstransformation ist, ebenfalls wie dort betrachtet, die Einheitsmatrix $\mathbf{E}$, vgl. Abschnitt 3.1. Das MPI-Messsystem wird durch die Systemmatrix $\mathbf{\Phi}$ beschrieben. Damit kann das Gesamtsystem durch

$$\mathbf{\Phi} \cdot \mathbf{E} = \mathbf{\Phi} \qquad (3.2)$$

dargestellt werden. Einzelne Messwerte ergeben sich in diesem System daher aus einer gewichteten Linearkombination von Pixeln oder Voxeln des zu rekonstruierenden Bildes. Da die Signalgleichung im Zeitbereich betrachtet werden soll, ergibt sich die jeweilige Gewichtung der einzelnen Komponenten dabei aus der Position des feldfreien Punktes (FFP).

Die Inkohärenz des Messsystems steht durch ihre Definition über die eingeschränkte Isometriebedingung, vgl. Gleichung 2.51, in engem Zusammenhang mit der Orthogonalität der Systemmatrix. Sowohl die Inkohärenz wie auch die Orthogonalität lassen sich durch die Gram'sche Matrix $\mathbf{G}$ bezüglich der Systemmatrix

$$\mathbf{G} = \mathbf{\Phi}^* \mathbf{\Phi} \qquad (3.3)$$

ausdrücken, wobei $\mathbf{\Phi}^*$ die Adjungierte der Systemmatrix ist. Die Gram'sche Matrix ermittelt die Orthogonalität jeder einzelnen Spalte der Systemmatrix zu allen anderen. Zusätzlich kann die Inkohärenz nach Gleichung 2.47 durch Ermittlung des größten Eintrags aller Nebendiagonalelemente in der Gram'schen Matrix angegeben werden. Ein Maß für die Orthogonalität des gesamten Systems kann mit

$$E\left(g^2\right) = \sum_{i,j} \frac{g_{ij}^2}{\binom{n}{2}}, \qquad (3.4)$$

wie in [DLW96] beschrieben, ebenfalls aus der Gram'schen Matrix ermittelt werden. Ausgangspunkt dieser Berechnung ist das Skalarprodukt $g_{ij} = \phi_i^* \phi_j$, das einen Eintrag der Gram'schen Matrix beschreibt. Gleichung 3.4 gibt damit den Durchschnitt aller g_{ij}^2-Paare als Maß für die Orthogonalität an. Aus kleinen Werten kann eine hohe Orthogonalität abgeleitet werden, aus hohen Werten eine niedrige [DLW96]. Da die Gram'sche Matrix all diese Informationen zur Verfügung stellt, wird sie zusätzlich zu einer alleinigen Untersuchung der Inkohärenz, wie in Gleichung 2.47 vorgeschlagen, betrachtet.

3.3 Rekonstruktionsalgorithmen

Bei der Implementierung von CS für ein bestimmtes Messsystem gibt es verschiedene Algorithmen, die sich zur nichtlinearen Rekonstruktion eignen. Methoden, die zur Lösung des Optimierungsproblems (P_0) eingestzt werden können, vgl. Gleichung 2.44, besitzen eine intuitive Funktionsweise: Sie approximieren zuerst das gesuchte Signal, indem die Transponierte der Messmatrix mit dem aktuellen Residuum des Messvektors korreliert wird. Auf diese Vorstufe wird ein Schwellwert angewendet, der nur betragsmäßig große Koeffizienten berücksichtigt. Dadurch kann das gesuchte Signal iterativ durch die größten Koeffizienten, die mit einem Wichtungsfaktor versehen werden, angenähert werden.
Im Folgenden werden die Algorithmen vorgestellt, die bei den in dieser Arbeit vorgestellten Experimenten verwendet wurden. Im Kern beruhen sie auf der erwähnten Methode, bieten jedoch weitere Vorteile, die sich positiv auf das Rekonstruktionsergebnis auswirken.

3.3.1 Orthogonal Matching Pursuit (OMP)

Greedy-Algorithmen können direkt zur Lösung des (P_0)-Problems, vgl. Gleichung 2.44, eingesetzt werden. Trotz ihres größten Nachteils, nicht immer die optimale Lösung zu liefern, ist der entscheidende Vorteil dieser Algorithmen gegenüber z.B. den konvexen Verfahren zur ℓ_1-Minimierung, dass keine Nebenbedingungen wie die Äquivalenz der Lösungen $(P_0) = (P_1)$ erfüllt werden müssen. Der Orthogonal Matching Pursuit (OMP) ist ein solcher Greedy-Algorithmus, der in dieser Arbeit zur Rekonstruktion angewendet wird. Er bestimmt für das approximierte Signal das Residuum des Messsignals und projiziert es in den Signalraum. Anschließend wird der größte Koeffizient ermittelt und dessen Index zum Support des Signals hinzugefügt. Das Signal kann dann unter Berücksichtigung des ermittelten Supports aus der Messmatrix und dem Messvektor durch Minimierung des quadratischen Fehlers approximiert werden. Durch eine iterative Anwendung dieser Schritte kann schließlich das Signal rekonstruiert werden. Eine detaillierte Übersicht liefert Algorithmus 1.

Algorithmus 1 OMP

Eingabe: Messmatrix Φ, Messvektor $\mathbf{u}$
Ausgabe: Näherung des gesuchten Signals $\mathbf{x}$

  1: $l \leftarrow 0$
  2: $\mathbf{a}_0 \leftarrow \mathbf{0}$ ▷ Triviale Initialisierung
  3: $\mathbf{r} \leftarrow \mathbf{u}$ ▷ Abweichung
  4: **repeat**
  5:      $l \leftarrow l + 1$
  6:      $\mathbf{y} \leftarrow \Phi^* \mathbf{r}$ ▷ Approximation der unbeachteten Messsignalanteile
  7:      $\Omega \leftarrow \max_i y_i$ ▷ Bestimme den größten Koeffizienten
  8:      $T \leftarrow \Omega \cup \mathrm{supp}\,(\mathbf{a}_{l-1})$ ▷ Fusioniere Support
  9:      $\mathbf{a}_l \leftarrow \Phi_T^\dagger \mathbf{u}$ ▷ Approximation des gesuchten Signals
10:      $\mathbf{r} \leftarrow \mathbf{u} - \Phi \mathbf{a}_l$ ▷ Aktualisierung der Abweichung
11: **until** Abbruchbedingung erreicht

3.3.2 Compressed Sensing Matching Pursuit (CoSaMP)

In [NT10] wurde der Algorithmus Compressed Sensing Matching Pursuit (CoSaMP) vorgestellt, der speziell für die Fragestellung von CS entworfen wurde. Er basiert auf dem OMP und ist daher im Kern ein Greedy-Algorithmus. Dieser Algorithmus greift ebenfalls die Idee auf, dass

$$\mathbf{y} = \Phi^* \Phi \mathbf{x} \tag{3.5}$$

als Approximation des Signals $\mathbf{x}$ angesehen werden kann, da die Energie von k Komponenten von $\mathbf{y}$ die Energie der korrespondierenden k Komponenten von $\mathbf{x}$ approximiert. Eine Approximation von $\mathbf{x}$ kann also aus den Messwerten der Form $\mathbf{u} = \Phi \mathbf{x}$ abgeleitet werden, indem Φ^* von links angewendet wird. Der CoSaMP-Algorithmus wendet diese Strategie iterativ an, um eine möglichst gute Rekonstruktion des Signals aus den Messwerten zu erreichen. Dabei durchläuft der Algorithmus in jeder Iteration fünf Schritte, vgl. [NT10]: 1. Das Residuum des Signals kann durch die bisher nicht beachteten Messsignalanteile angenähert werden. 2. Aus dem Residuum werden die Komponenten mit den größten Koeffizienten ermittelt und zur aktuellen Näherung hinzugefügt. 3. Das Signal wird mit einer Methode zur Minimierung des quadratischen Fehlers angenähert. 4. Das Signal wird gekürzt, sodass nur die größten Einträge der Näherung berücksichtigt werden. 5. Die durch die aktuelle Schätzung des Signals nicht beachteten Signalanteile bilden ein Residuum für das Messsignal.

Der Pseudocode ist in Algorithmus 2 zu finden. Abweichend wurde bei der Approximation des gesuchten Signals in Zeile 9 nicht die Pseudoinverse verwendet, sondern eine Tikonov-Regularisierung [DNW13]. Aufgrund der Besonderheit, dass die MPI-Bilder ausschließlich positive Partikelkonzentrationen aufweisen, wird diese Eigenschaft bei der Implementierung des Rekonstruktionsalgorithmus zusätzlich berücksichtigt.

Algorithmus 2 CoSaMP

Eingabe: Messmatrix $\boldsymbol{\Phi}$, Messvektor $\mathbf{u}$, Spärlichkeitslevel k
Ausgabe: k-spärliche Näherung des gesuchten Signals $\mathbf{x}$

  1: $l \leftarrow 0$
  2: $\mathbf{a}_0 \leftarrow \mathbf{0}$ ▷ Triviale Initialisierung
  3: $\mathbf{r} \leftarrow \mathbf{u}$ ▷ Abweichung
  4: **repeat**
  5:    $l \leftarrow l + 1$
  6:    $\mathbf{y} \leftarrow \boldsymbol{\Phi}^*\mathbf{r}$ ▷ Approximation der unbeachteten Messsignalanteile
  7:    $\Omega \leftarrow \mathrm{supp}(\mathbf{y}_{2k})$ ▷ Bestimme $2k$ größten Koeffizienten
  8:    $T \leftarrow \Omega \cup \mathrm{supp}(\mathbf{a}_{l-1})$ ▷ Fusioniere Support
  9:    $\mathbf{b}|_T \leftarrow \boldsymbol{\Phi}_T^\dagger \mathbf{u}$ ▷ Approximation des gesuchten Signals
 10:    $\mathbf{b}|_{T^C} \leftarrow \mathbf{0}$
 11:    $\mathbf{a}_l \leftarrow \mathbf{b}_k$ ▷ Neue k-spärliche Approximation des gesuchten Signals
 12:    $\mathbf{r} \leftarrow \mathbf{u} - \boldsymbol{\Phi}\mathbf{a}_l$ ▷ Aktualisierung der Abweichung
 13: **until** Abbruchbedingung erreicht

3.3.3 ℓ_2-Minimierung

Bei einer Datenaufnahme unter Einhaltung des Nyquist-Shannon'schen Abtasttheorems wird üblicherweise die Methode der kleinsten Quadrate zur Rekonstruktion des Bildes verwendet. Dies bedeutet, dass der Fehler, der zwischen der Rekonstruktion und dem wahren Bild besteht, minimal wird, wenn das wahre Bild möglichst gut approximiert wird. Eine Anwendung dieses Verfahrens bei unterabgetasteten Signalen erreicht zwar eine Minimierung des Residuums, führt jedoch nicht zur gesuchten Lösung. Um die Möglichkeiten der nichtlinearen Rekonstruktion bei CS aufzuzeigen, wird als Vergleichsmethode eine Rekonstruktion mittels der Pseudoinversen gewählt, vgl. Gleichung 2.33.

3.3.4 Phasendiagramm

Für die in dieser Arbeit betrachtete Problemstellung einer unterabgetasteten Signalaufnahme bei MPI wäre es wünschenswert, eine Aussage über die Anwendbarkeit und Leistungsfähigkeit von CS für ein MPI-Messsystem treffen zu können und Vergleiche zu ähnlichen Anwendungsfeldern anstellen zu können. Viele der in der Literatur angegebenen CS-Bedingungen zur verlustfreien Rekonstruktion, wie beispielsweise die eingeschränkte Isometriebedingung (RIP) [BCT11], vgl. Unterabschnitt 2.2.3, lassen sich nicht in polynomischer Laufzeit überprüfen, sind zu sehr einschränkend oder lediglich hinreichende Bedingungen. Dennoch wurde bereits im Unterabschnitt 2.2.4 aufgezeigt, dass CS sogar bei ursprünglich schlecht gestellten Problemen mit Erfolg angewendet werden kann. Daher sollte ein alternatives Verfahren, das die individuellen Bedingungen einer Anwendung betrachtet, eingesetzt werden, um eine Aussage über die Leistungsfähigkeit von CS treffen zu können. Von besonderem Interesse ist dabei die zur verlustfreien Rekonstruktion eines Signals benötigte Anzahl von Messungen bzw. die Größe des Fehlers, der bei der Rekonstruktion eines Signals aus unterabgetasteten Messwerten entsteht.

Jedes Rekonstruktionsverfahren, das zur Ermittlung eines Signals aus unterabgetasteten Messwerten bei CS angewendet wird, benötigt in Abhängigkeit von dem erwarteten Spärlichkeitslevel des Signals eine gewisse Anzahl von Messwerten. Mit dem Phasendiagramm, das ursprünglich zur Untersuchung der Leistungsfähigkeit der ℓ_1-Minimierung entwickelt wurde, kann das Verhalten der Kombination aus dem verwendeten Algorithmus und der Messmatrix beschrieben werden [DS06, DT09]. Dabei wird die Auswirkung der Unterabtastrate $\delta = \frac{m}{n}$, bezogen auf die Anzahl der benötigten Messwerte, und der Überabtastrate $\rho = \frac{k}{m}$, bezogen auf die Anzahl der Koeffizienten ungleich null, auf das Rekonstruktionsergebnis untersucht. Dies ermöglicht einen Vergleich zu anderen Algorithmen oder Messmatrizen. Obwohl dieses Verfahren nur einen empirischen Test darstellt, zeigt er jedoch genau die Möglichkeiten der Anwendung von CS für die jeweilige Kombination von Messsystem und Rekonstruktionsverfahren auf. Das in Abbildung 3.1 abgebildete Phasendiagramm verdeutlicht noch einmal den Zusammenhang zwischen der Überabtastrate und der Unterabtastrate. Es zeigt den theoretischen Schwellwert, auch Bonferroni-Schwellwert genannt, an dem die Approximation der spärlichen Lösung durch das (P_1)-Problem nicht länger gegeben ist [DS06]. Oberhalb dieser Grenze müssen kombinatorische Verfahren genutzt werden, um die optimale spärliche Lösung zu finden. Ein solcher Schwellwert lässt sich für die jeweils verwendete Kombination von Messsystem und Rekonstruktionsverfahren angeben.

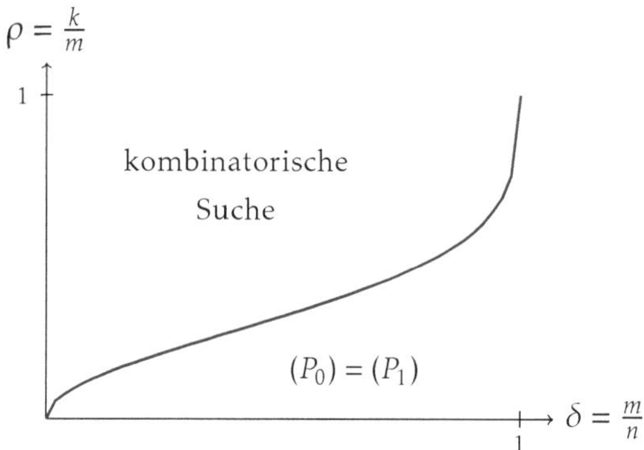

Abbildung 3.1: Das Phasendiagramm zeigt die theoretische Grenze, an der die Bestimmung der spärlichen Lösung eines Problems nicht länger durch das (P_1)-Problem gelöst werden kann. Dabei beschreibt δ die Unterabtastrate der Messwerte m, bezogen auf die Signallänge n, und ρ die Überabtastrate in Bezug auf das Spärlichkeitslevel k. Oberhalb dieser Grenze wird eine kombinatorische Suche nötig, um die optimale spärliche Lösung zu rekonstruieren. Der dargestellte Grenzwert wird auch Bonferroni-Schwellwert genannt.

3.4 Simulation von Compressed Sensing bei MPI

Für die Untersuchung von CS im Hinblick auf eine Anwendung zur beschleunigten Signalaufnahme bei MPI muss ein konkretes Messsystem zur Verfügung stehen, um dessen Eigenschaften auf ihre Eignung überprüfen zu können. Daher wurden verschiedene Systemmatrizen simuliert und geeignet vorverarbeitet, um im Anschluss eine Simulation der Anwendung von CS durchführen zu können. Im Folgenden wird die Vorgehensweise ausführlich erläutert.

3.4.1 Verwendete MPI-Daten

Die in dieser Arbeit verwendeten MPI-Daten wurden in einer Simulationsumgebung, die in [Kno10] vorgestellt wurde, generiert. Dieses Werkzeug erlaubt es,

	S_{128}	S_{400}	S_{1600}
Frequenzverhältnis	15:16	15:16	31:32
Diskretisierung	8×16	20×20	40×40
Simulationsmodus	ideal	ideal	realistisch
Systemmatrix	577×128	577×400	2381×1600

Tabelle 3.1: Charakteristische Parameter der verwendeten MPI-Datensätze. Ihre Bezeichnung orientiert sich an der Anzahl der zu rekonstruierenden Pixel.

einen MPI-Scanner zu simulieren, der Systemmatrizen mit verschiedenen Eigenschaften erzeugen kann. Einen Überblick über die in dieser Arbeit verwendeten Datensätze gibt Tabelle 3.1. Zur Erzeugung der idealen Simulationsdaten geht man davon aus, dass die Spulen des Scanners idealisierte Eigenschaften besitzen und daher homogene Magnetfelder erzeugen. Dabei werden zunächst aus den angenommenen Spulensensitivitäten die zur Erzeugung eines Magnetfelds benötigten elektrischen Ströme und anschließend die sich daraus ergebenden magnetischen Feldstärken errechnet. Die magnetischen Feldstärken werden wiederum zur Berechnung der vom Magnetfeld erzeugten Partikelmagnetisierung verwendet. Dabei wird die Langevin-Theorie als Approximation des Verhaltens der magnetischen Partikel genutzt. Anschließend können mit einer zeitlichen und räumlichen Diskretisierung die Spannungssignale, die in den Empfangsspulen induziert werden, errechnet werden. Bei diesen Datensätzen wurden keine Rauscheinflüsse berücksichtigt. Im Falle des Datensatzes S_{1600} wurden realistische Eigenschaften der Magnetfelder bei der Erzeugung der Systemmatrix verwendet. Die in dieser Arbeit verwendeten MPI-Daten wurden freundlicherweise von dem Institut für Medizintechnik der Universität zu Lübeck zur Verfügung gestellt.

3.4.2 Datenvorverarbeitung

Die im Rahmen dieser Arbeit untersuchte Anwendung von CS macht es erforderlich, dass die Systemmatrix im Zeitbereich vorliegt. Jedoch wurde das zur Generierung der Daten verwendete Simulationswerkzeug für eine Betrachtung im Frequenzraum entworfen [Kno10]. Daher stehen auch die simulierten Systemmatrizen zunächst im Frequenzbereich zur Verfügung. Durch Anwendung der nachfolgend beschriebenen Verarbeitungsschritte können die Systemmatrizen in den Zeitbereich transformiert werden: Zunächst wird das Spektrum mit der konjugierten Symmetrie vervollständigt. Dieser Schritt ist notwendig, da aufgrund der konjugierten Symmetrie der Systemmatrix im Frequenzbereich zur effizienten Nutzung von Speicherkapazitäten nur eine Hälfte des Spektrums gespeichert werden muss. Anschließend kann die Systemmatrix durch eine inverse Fouriertransformation in den Zeitbereich zurücktransformiert werden. Je nach Anzahl der betrachteten Messungen p während eines Zyklus der FFP-Trajektorie kann die simulierte Systemmatrix $\mathbf{S}$ überbestimmt sein:

$$\mathbf{S} \in \mathbb{R}^{p \times n} \quad \text{mit} \quad p \geq n. \tag{3.6}$$

3.4.3 Generierung reduzierter Messmatrizen

Für die Simulation von CS muss eine reduzierte Messmatrix $\mathbf{\Phi} \in \mathbb{R}^{m \times n}$ mit $m < n$ aus der ursprünglichen Systemmatrix $\mathbf{S} \in \mathbb{R}^{p \times n}$ generiert werden. Dies ist auf verschiedene Arten möglich:

1. Randomisierte Auswahl von m Zeilen aus der Systemmatrix $\mathbf{S}$.

2. Auswahl der ersten m Zeilen aus $\mathbf{S}$ (Start-Auswahl).

3. Geschickte Auswahl von m „zufälligen" Zeilen aus $\mathbf{S}$ (Lissajous-Auswahl).

Die zufällige Auswahl von m Zeilen aus der Systemmatrix, wie unter Punkt 1 vorgeschlagen, entspricht der Forderung von CS, eine randomisierte Verteilung der Messpunkte zu wählen, vgl. Abbildung 2.8. Diese Methode kann in der simulierten Anwendung von CS leicht realisiert werden, indem eine zufällige Permutation der Zahlen von 1 bis p erstellt wird. Die ersten m Komponenten der Permutation bilden dann die Indices der zu wählenden Zeilen der Systemmatrix. Da die Anwendung dieser Methode möglicherweise nicht praktikabel ist, wird die Variante unter Punkt 2, die Start-Auswahl, ebenfalls implementiert. Dabei werden die ersten m Zeilen aus der Systemmatrix ausgewählt und bilden die reduzierte Messmatrix. Hierbei wird eine Verringerung der Leistungsfähigkeit bezüglich der verlustfreien Rekonstruktion bei CS im Vergleich zur Methode unter Punkt 1 erwartet, da eine zufällige Auswahl der Messpunkte nicht gewährleistet ist, sondern stark von der Trajektorie des FFPs abhängt. Dennoch weist dieser Ansatz keine äquidistante Abtastung auf und sollte daher ausreichend gut geeignet sein. Als Kompromiss wird die Methode der Lissajous-Auswahl unter Punkt 3 eingeführt. Dabei sollen die Abtastwerte betrachtet werden, die auf einer Lissajousfigur mit kürzerer Periodendauer liegen. Diese Methode wurde in Anlehnung an [BSKB10, BSK$^+$10] ausgewählt und soll zeigen, ob eine geschickte Wahl von Messpunkten, die zufällig erscheint, jedoch hochgradig bewusst gewählt wurde, mit einer Verbesserung des Rekonstruktionsergebnisses einhergeht. Die Implementierung der Lissajous-Auswahl zur Generierung einer reduzierten Messmatrix wird im Folgenden detailliert erläutert.

Die grundlegende Idee der Lissajous-Auswahl ist folgende: Jede Zeile der Systemmatrix entspricht einem räumlichen Muster der Systemfunktion, das zu einem bestimmten Zeitpunkt auftritt. Dieser Zeitpunkt ist wiederum mit der Position des FFPs verknüpft. Daher lässt sich zu jeder Zeile der Systemmatrix die FFP-Position zuordnen. Bei dieser Methode sollen nun die Zeilen aus der ursprünglichen Systemmatrix in die reduzierte Systemmatrix aufgenommen werden, deren korrespondierende FFP-Positionen mit denen auf einer kürzeren Lissajousfigur übereinstimmen.

Bei der Implementierung der Lissajous-Auswahl wird zunächst die Lissajoustrajektorie $\mathbf{L}$

$$\mathbf{L} = \begin{pmatrix} -\frac{A_x}{G_x} \cdot \sin\left(2\pi \frac{f_b}{N+1} \cdot t\right) \\ \frac{A_y}{G_y} \cdot \sin\left(2\pi \frac{f_b}{N} \cdot t + \pi\right) \end{pmatrix} \tag{3.7}$$

des FFPs für die zur Verfügung stehenden Systemmatrizen ermittelt. Die Abweichungen von Gleichung 3.7 zu Gleichung 2.35 sind bedingt durch die in der Simulationsumgebung verwendeten Parameter zur Generierung der Systemmatrix. Anschließend kann mit dem für die vorliegenden Datensätze bekannten Frequenzverhältnis $N/(N+1)$ unter der Annahme, dass die Anregungsfrequenzen f_x und f_y um 25 kHz liegen, die verwendete Basisfrequenz ermittelt werden:

$$\frac{f_b}{N+1} \approx 25\,\text{kHz} \quad \Leftrightarrow \quad f_b \approx 25\,\text{kHz} \cdot (N+1). \tag{3.8}$$

Für die Anregungsfrequenzen gilt damit $f_x = f_b/(N+1) \approx 25\,\text{kHz}$ und $f_y = f_b/N \approx 25\,\text{kHz}$ mit $f_x \neq f_y$. Aus der Maxwell-Gleichung für den 2D-Fall

$$\nabla \cdot \mathbf{H} = \frac{\partial H_x}{\partial x} + \frac{\partial H_y}{\partial y} = 0 \tag{3.9}$$

kann mit den Gradienten des Selektionsfeldes G_x und G_y folgender Zusammenhang hergeleitet werden:

$$G_x := \frac{\partial H_x}{\partial x}, \quad G_y := \frac{\partial H_y}{\partial y} \quad \Rightarrow \quad G_y = -2G_x. \tag{3.10}$$

Unter Kenntnis der Größe des FOVs können dann mit Gleichung 3.10 die Amplituden $A_x = G_x \cdot \text{FOV}_x/2$ und $A_y = G_y \cdot \text{FOV}_y/2$ bestimmt werden. Mit diesen Randbedingungen kann schließlich die Lissajousfigur, die bei der Simulation der Daten verwendet wurde, angegeben werden. Für die zugrunde liegende Systemmatrix bedeutet dies, dass nun jeder Zeile ein Koordinatenpaar (x, y) zugeordnet werden kann, das die Position des FFPs beschreibt.

Schließlich kann eine Lissajoustrajektorie berechnet werden, mit der weniger Messwerte aufgenommen werden können. Dies bedeutet, dass diese neue Lissajousfigur ein geringeres Frequenzverhältnis, eine geringere Dichte und damit auch eine kürzere Periodendauer hat, vgl. Gleichung 2.38. Für diese Lissajousfigur werden nun ebenfalls die Positionen des FFPs für alle Zeitpunkte bestimmt. Aus der ursprünglichen Systemmatrix der langen Lissajoustrajektorie werden schließlich die Zeilen in die reduzierte Messmatrix aufgenommen, deren korrespondierende FFP-Positionen die geringsten Abweichungen zu denen der kürzeren Trajektorie aufweisen.

3.4.4 Generierung der Messvektoren

Die Signalgleichung, die sich aus der reduzierten Messmatrix $\boldsymbol{\Phi}$ ergibt, erfordert ebenfalls einen reduzierten Messvektor $\mathbf{b} \in \mathbb{R}^m$. Da das System in der Simulation frei von Rauschen ist, wird der reduzierte Messvektor unter Kenntnis des verwendeten Phantoms $\mathbf{P} \in \mathbb{R}^{n_x \times n_y}$ folgendermaßen berechnet:

$$\boldsymbol{\Phi} \cdot \mathbf{c} = \mathbf{b}. \tag{3.11}$$

Dabei ist $\mathbf{c} \in \mathbb{R}^n$ der Spaltenvektor, der die Partikelkonzentration des Phantoms beschreibt. Es gilt $n = n_x \cdot n_y$.

3.4.5 Wahl der Rekonstruktionsparameter

Zur Rekonstruktion des Phantoms aus dem Messvektor unter Kenntnis der reduzierten Messmatrix werden die Algorithmen OMP und CoSaMP eingesetzt.

Um diese Verfahren anwenden zu können, müssen vorab verschiedene Parameter geeignet festgelegt werden. Diese Parameter beeinflussen insbesondere die Länge des Supports des approximierenden Signals und legen die Abbruchbedingungen der Algorithmen fest.

Bei der Anwendung von OMP zur Rekonstruktion des Signals wird in jedem Iterationsschritt der Index des größten Koeffizienten des projizierten Residuums ermittelt und zum Support hinzugefügt, vgl. Unterabschnitt 3.3.1. Daraus folgt, dass für ein Signal mit Spärlichkeitslevel k wenigstens k Iterationsschritte benötigt werden, um diesen Support korrekt rekonstruieren zu können. Obwohl bei den durchzuführenden Experimenten das zu rekonstruierende Bild und daher auch das Spärlichkeitslevel bekannt sind, soll dieser letzte Parameter dennoch so gewählt werden, dass für eine erfolgreiche Rekonstruktion nur ein gewisses Maß an Spärlichkeit gefordert wird, ohne das genaue Spärlichkeitslevel kennen zu müssen. Bei CoSaMP verhält es sich ähnlich, allerdings werden in jedem Iterationsschritt die $2k$ größten Koeffizienten ermittelt und zum Support hinzugefügt. Um die Möglichkeiten beider Algorithmen vollkommen ausschöpfen zu können, wird das Spärlichkeitslevel für jedes Experiment durch $k_{\mathrm{Alg}} = \lfloor m/2 \rfloor$ vorgegeben. Diese Wahl führt dazu, dass eine exakte Rekonstruktion eines Signals nicht möglich ist, wenn die Anzahl der berücksichtigten Messwerte im Hinblick auf das wahre Spärlichkeitslevel zu gering ist. Da von spärlichen Signalen ausgegangen wird, sollte trotz dieser Einschränkung eine enorme Reduktion der Anzahl an Messwerten gegenüber dem Nyquist-Shannon'schen Abtasttheorem möglich sein.

Eine vorzeitige Beendigung des Algorithmus wird vorgenommen, wenn der Fehler des Residuums ausreichend klein ist. Diese Fehlertoleranz wird mit $r_{\mathrm{tol}} = 1 \cdot 10^{-16}$ angegeben.

4 Ergebnisse und Diskussion

Im Rahmen dieser Arbeit werden verschiedene Experimente durchgeführt, die sich mit der Beschleunigung der Signalaufnahme bei Magnetic Particle Imaging (MPI) befassen. Das Ziel ist, die Messdauer zu verkürzen und dadurch die MPI-Messung unter der Voraussetzung, dass eine verlustfreie Rekonstruktion des MPI-Bildes ermöglicht wird, zu beschleunigen. Die Anwendung von Compressed Sensing (CS) soll dabei die verlustfreie Rekonstruktion des Bildes erlauben, obwohl nicht, wie klassischerweise üblich, die durch das Nyquist-Shannon'sche Abtasttheorem vorgegebene Anzahl an Messwerten aufgenommen wird, sondern aufgrund der verkürzten Messdauer lediglich eine reduzierte Anzahl an Messwerten zur Verfügung steht.

Im Folgenden werden zunächst die Ergebnisse der für eine Anwendung von CS erforderlichen Eigenschaften der Systemmatrizen im Zeitbereich vorgestellt. Anschließend wird auf die Experimente eingegangen, die Möglichkeiten einer praktischen Anwendung von CS untersuchen. Dabei liegt der Fokus zunächst auf der Fragestellung, ob eine Anwendung von CS für ein simuliertes MPI-Messsystem möglich ist. Danach werden unterschiedliche Methoden zur Unterabtastung der Systemmatrix auf ihre Eignung überprüft und Einflüsse des Spärlichkeitslevels auf das Rekonstruktionsergebnis untersucht. Schließlich wird auf die Leistungsfähigkeit von CS im Hinblick auf eine Beschleunigung der MPI-Bildgebung eingegangen.

4.1 Inkohärenz und Orthogonalität der Systemmatrix

Ein Kriterium für die erfolgreiche Anwendung von CS ist eine hohe Inkohärenz des Messsystems. In diesem Fall entspricht das einer hohen Inkohärenz der MPI-Systemmatrix, vgl. Abschnitt 2.2. Um zu überprüfen, ob die MPI-Systemmatrizen der Datensätze S_{128}, S_{400} und S_{1600} im Zeitbereich geeignete Eigenschaften bezüglich der Inkohärenz aufweisen, wird die Inkohärenz reduzierter Systemmatrizen für verschiedene Unterabtastraten m/n ermittelt. In Abbildung 4.1 ist die Inkohä-

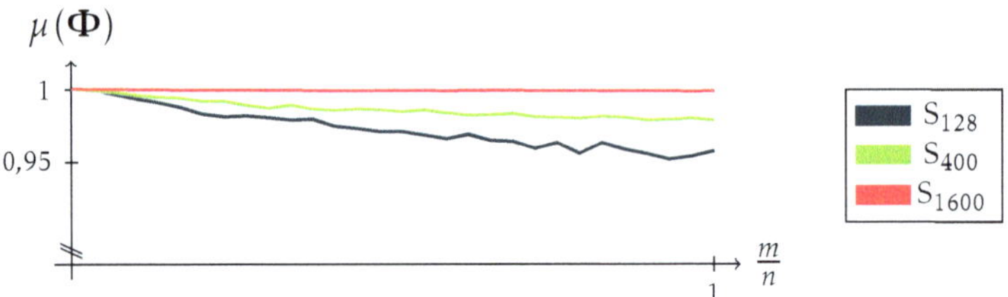

Abbildung 4.1: Kohärenzmessung reduzierter Systemmatrizen im Zeitbereich. Für die
drei vorliegenden Systemmatrizen wurde die Inkohärenz jeweils für die reduzierte Matrix
berechnet, die sich aus m randomisiert ausgewählten Zeilen ergibt. Dabei wurde über
zehn Durchgänge gemittelt. Bei sehr kleinen reduzierten Messmatrizen liegt der Wert bei
eins und nimmt mit zunehmender Größe der Matrix sehr langsam ab. Dies zeigt, dass die
Systemmatrizen hochgradig kohärent sind.

renz reduzierter Systemmatrizen grafisch dargestellt. Dabei gibt m die Anzahl der
Messwerte und n die Anzahl der zu rekonstruierenden Pixel an. Die reduzierten
Systemmatrizen wurden in diesem Fall erzeugt, indem m Zeilen randomisiert aus
der ursprünglichen Systemmatrix ausgewählt wurden. Es wurden jeweils zehn
reduzierte Matrizen mit derselben Unterabtastrate generiert und die Ergebnisse
anschließend gemittelt. Eine hohe Inkohärenz entspricht Werten nahe null. Werte
nahe eins entsprechen umgekehrt einer hohen Kohärenz.

Wie Abbildung 4.1 zeigt, weisen die reduzierten Messmatrizen mit sehr kleinen
Unterabtastraten eine maximale Kohärenz von eins auf. Mit zunehmender Unterabtastrate nimmt dieser Wert sehr langsam ab. Dabei scheint die Kohärenz
beim Datensatz S_{1600} nahezu stetig bei eins zu liegen, während für S_{128} und
S_{400} eine wenig signifikante Reduktion der Kohärenz bei größeren Unterabtastraten festgestellt werden kann. Der Vergleich zwischen diesen drei Datensätzen
zeigt, dass die Kohärenz für größere Systemmatrizen, beispielsweise für S_{1600} mit
$\mathbf{\Phi} \in \mathbb{R}^{m \times 1600}$, durchweg höher ist als für die kleineren S_{400} mit $\mathbf{\Phi} \in \mathbb{R}^{m \times 400}$ bzw.
S_{128} mit $\mathbf{\Phi} \in \mathbb{R}^{m \times 128}$. Insgesamt weisen alle betrachteten reduzierten Systema-
trizen eine hochgradige Kohärenz auf.

Die hohe Kohärenz kann nun einerseits darauf hindeuten, dass die Systemmatrizen keine geeigneten Eigenschaften für eine Anwendung von CS aufweisen oder
dass die reduzierten Messsysteme schlecht gewählt wurden. Um letzteres auszu-
schließen, wird die Inkohärenz ebenfalls für reduzierte Systemmatrizen ermittelt,
die mit der Start-Auswahl erzeugt wurden. Für diese reduzierten Systemmatrizen
kann ein ähnliches Verhalten wie bei der randomisierten Auswahl beobachtet
werden. Abbildung 4.2 zeigt die mit der Start-Auswahl ermittelte Kohärenz für

unterschiedliche Unterabtastraten. Dabei verhalten sich S_{400} und S_{1600} bei dieser

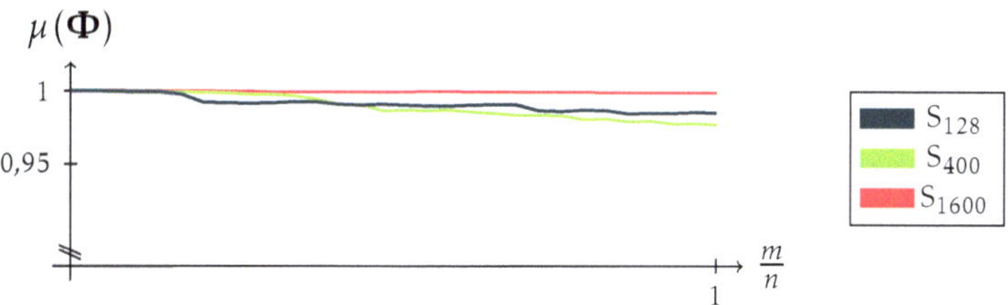

Abbildung 4.2: Kohärenzmessung reduzierter Systemmatrizen mit Start-Auswahl. Bei allen betrachteten Datensätzen ergibt sich auch für Systemmatrizen mit großen Unterabtastraten eine hohe Kohärenz der Spalten.

Methode ebenso wie bei der randomisierten Auswahl zur Unterabtastung. Bei S_{128} fällt die Kohärenz hingegen weniger stark ab. Da sich die Verläufe bei beiden Methoden zur Erzeugung reduzierter Systemmatrizen kaum voneinander unterscheiden, scheint das Abtastmuster keinen wesentlichen Einfluss auf die Inkohärenz der reduzierten Messmatrix zu haben. Insgesamt deutet die hohe Kohärenz der Systemmatrizen darauf hin, dass MPI wenig günstige Voraussetzungen für eine Anwendung von CS bietet. Da sogar die Systemmatrizen mit hohen Unterabtastraten eine hohe Kohärenz aufweisen, kann nicht angenommen werden, dass sie bei einer Anwendung von CS zufriedenstellende Ergebnisse liefern werden. Vergleichsweise werden bei der MRT, die bei kartesischer Abtastung für die Anwendung von CS mit einer Kohärenz von null gut konditioniert ist, Unterabtastraten von immerhin 0,42 für eine nahezu verlustfreie Rekonstruktion benötigt [LDP07]. Es scheint sich daher bei der Nutzung von CS für MPI um ein schlecht gestelltes Problem zu handeln.

Andere Arbeiten haben sich allerdings schon erfolgreich mit einer spärlichen Rekonstruktion und der Anwendung von CS bei MPI beschäftigt [Gla13, KW13, Web12]. Dies lässt darauf schließen, dass entweder die Systemmatrizen in ihrer Darstellung im Frequenzbereich durchaus geeignete Eigenschaften für eine Anwendung von CS aufweisen oder dass die dort verwendete Reduktion der Spalten der Systemmatrizen besser geeignet ist als die in dieser Arbeit angestrebte Reduktion der Zeilen der Systemmatrizen. Die Untersuchung der Inkohärenz derselben reduzierten Systemmatrizen im Frequenzbereich zeigt, dass hier ebenfalls, wie zuvor für den Zeitbereich gezeigt, eine hohe Kohärenz vorliegt, vgl. Abbildung 4.3. Daraus folgt dass die hohe Kohärenz nicht allein der gewünschten Betrachtung der Signalgleichung im Zeitbereich geschuldet ist, sondern es ist naheliegend,

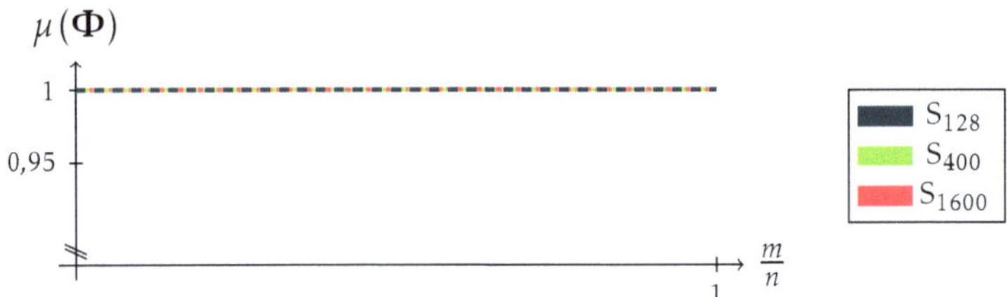

Abbildung 4.3: Kohärenzmessung der Systemmatrizen bezüglich der Spalten im Frequenzbereich. Für die drei vorliegenden Systemmatrizen wurde die Kohärenz jeweils für die reduzierte Matrix berechnet, die sich ergibt, wenn nur die ersten m Zeilen betrachtet werden. Unabhängig von der Unterabtastrate der Systemmatrix weist diese eine maximale Kohärenz auf.

dass es eine Rolle spielt, ob die Reduktion bezüglich der Spalten oder der Zeilen der Systemmatrix stattfindet.

Die Forderung nach einer hohen Inkohärenz bei CS kann nicht nur durch die in Gleichung 2.47 beschriebene und bisher untersuchte, hinreichende Eigenschaft ausgedrückt werden. Vielmehr ist eine hohe Inkohärenz mit der Forderung gleichzusetzen, dass die Spalten der reduzierten Messmatrix nahezu orthogonal zueinander sein sollen. Betrachtet man die Systemmatrizen im Zeitbereich, die in Abbildung 4.4 für S_{128} und S_{400} dargestellt sind, dann fällt sofort auf, dass sich viele Spalten gleichen. Aus der Art und Weise wie die Systemmatrix im Zeitbereich entsteht, kann bereits ein Hinweis auf die Kohärenz der Systemmatrix gewonnen werden. Jede Zeile der Systemmatrix stellt das räumliche Muster der betreffenden

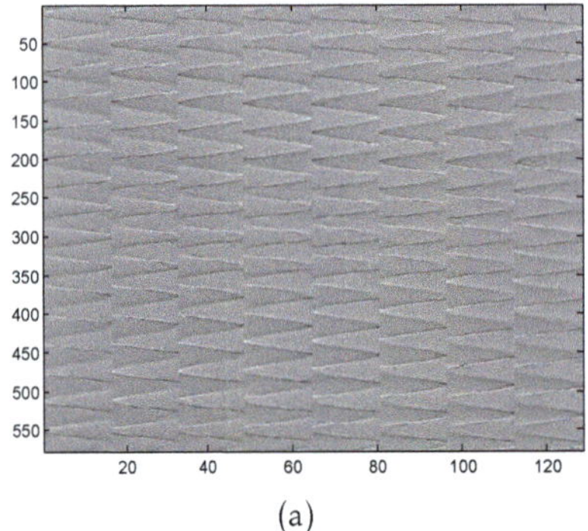

(a)

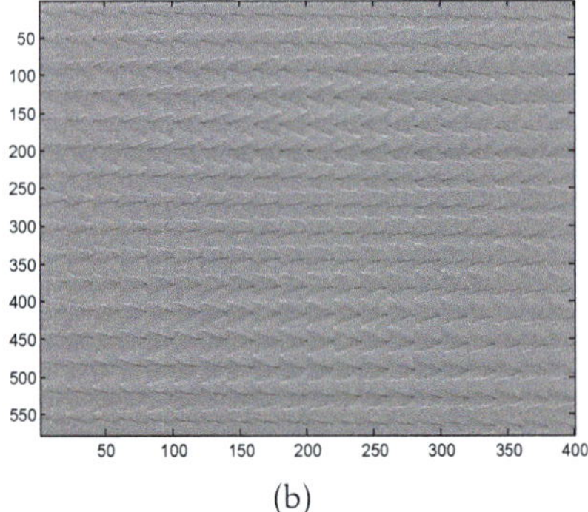

(b)

Abbildung 4.4: Systemmatrizen im Zeitbereich. Links ist die Systemmatrix für den Datensatz S_{128} abgebildet, rechts ist die Systemmatrix für S_{400} dargestellt. Beide Bilder zeigen, dass viele Spalten dieser Matrizen einander gleichen.

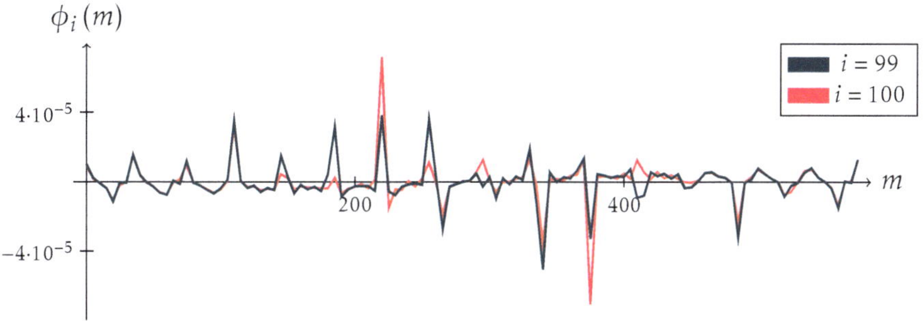

Abbildung 4.5: Ähnlichkeiten der Spalten von Systemmatrizen im Zeitbereich. Für den Datensatz S_{400} sind die Koeffizienten der Spalten 99 und 100 dargestellt. Diese aufeinanderfolgenden Spalten weisen eine hohe Ähnlichkeit auf.

Systemfunktion, also die Gewichtung aller Pixel bei einer Messung, dar. Jede Spalte stellt hingegen die Gewichtung eines bestimmten Pixels im zeitlichen Verlauf der Messung dar. Diese Gewichtungsmuster werden von der Position des FFPs beeinflusst. Betrachtet man nun einerseits die räumlichen Muster zweier aufeinanderfolgender Zeitpunkte, vgl. Abbildung 4.6, dann sind diese sehr ähnlich, da sich die Position des FFPs nur geringfügig verändert hat. Andererseits gleichen sich auch aufeinanderfolgende Spalten, da benachbarte Pixel vom FFP ähnlich stark beeinflusst werden und daher während der kompletten Messdauer ähnliche Gewichtungsfaktoren aufweisen. In Abbildung 4.5 ist die Ähnlichkeit aufeinanderfolgender Spalten der Systemmatrix skizziert. Sowohl bei der Betrachtung der Systemfunktionen, also den Zeilen der Systemmatrix, wie auch bei den Spalten ähneln sich nicht nur direkt aufeinander folgende Gewichtungsfunktionen sondern auch weit entfernte. Bezüglich der Systemfunktionen gilt, dass zwischen ihnen eine bestimmte Zeitspanne liegen kann, beispielsweise in Abbildung 4.6 (a) und (n). Da sich der FFP auf seiner Trajektorie einem schon betrachteten Abtastpunkt nähert oder ihn sogar kreuzt, vgl. Abbildung 2.6, treten diese sich wiederholenden Muster auf. Allein aus diesen Betrachtungen folgt, insbesondere für die in dieser Arbeit zu untersuchende Reduktion der Zeilen der Systemmatrix, ein gewisses Maß an Kohärenz unter den Spaltenvektoren des reduzierten Messsystems.

Bei der Frage nach der Inkohärenz in Bezug auf die Anwendbarkeit von CS geht es jedoch darum, ein ganzes System von Gewichtungsvektoren zu betrachten. Das Ziel ist, möglichst unabhängige Gewichtungsvektoren zu erhalten. Da es aufgrund der besonderen Struktur der Systemmatrix im Zeitbereich leicht möglich ist, dass sich die Spalten der reduzierten Systemmatrix ähneln, wird zusätzlich

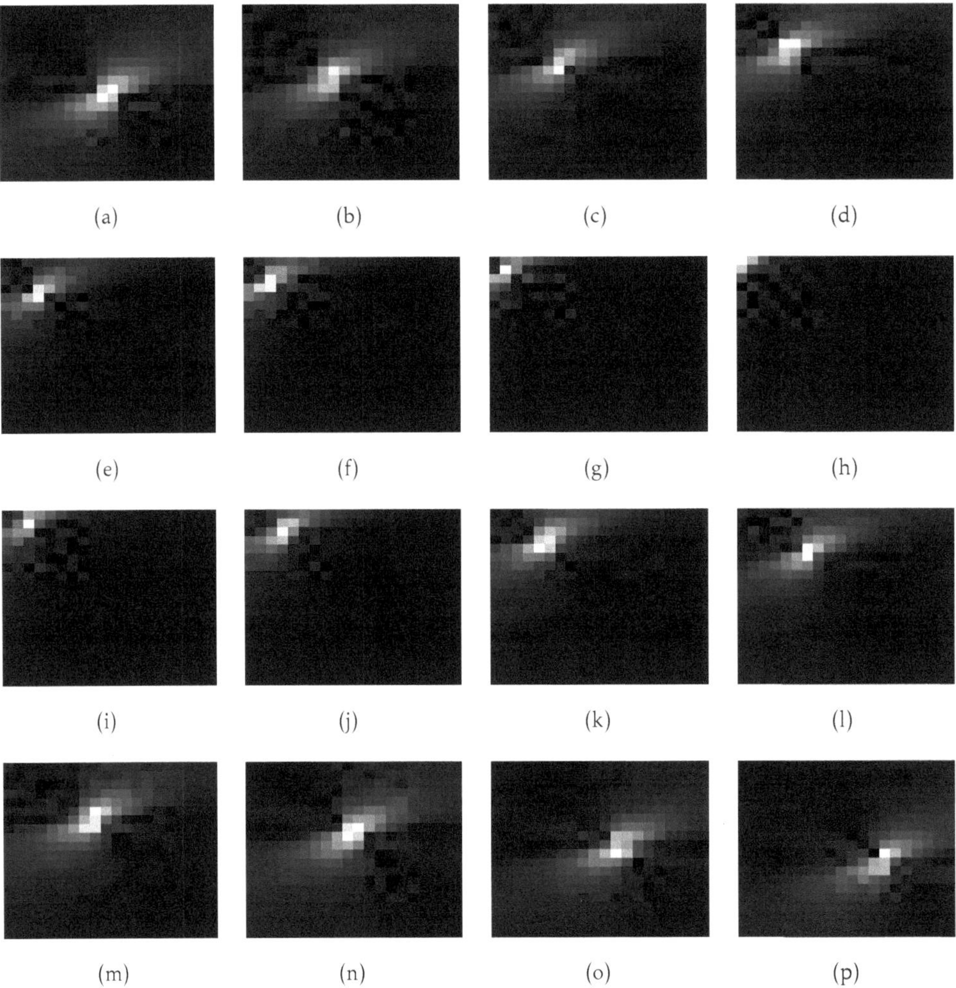

Abbildung 4.6: Räumliche Muster der Systemfunktionen im Zeitbereich. Von links nach rechts und von oben nach unten sind 16 aufeinanderfolgende Systemfunktionen in ihrer räumlichen Darstellung gezeigt. Durch die geringfügige Änderung der Position des FFPs von einem Messpunkt zum nächsten ergeben sich ähnliche Systemfunktionen für direkt aufeinanderfolgende Abtastpunkte. Aufgrund der besonderen Struktur der Abtasttrajektorie ergeben sich auch zu späteren Zeitpunkten, vgl. (a) und (n), Ähnlichkeiten zwischen den Systemfunktionen.

die Gram'sche Matrix der Systemmatrizen betrachtet. Diese ist nicht nur in der Lage, Auskunft über die Inkohärenz zu geben, sondern betrachtet zusätzlich die Orthogonalität des Messsystems.

4.1.1 Untersuchung der Gram'schen Matrix

Die Gram'schen Matrizen der MPI-Messsysteme sollen Auskunft über die Orthogonalität der Systemmatrizen geben und als Indikator für eine erfolgreiche Anwendung von CS im Hinblick auf eine Reduktion der Messwerte unter Beibehaltung einer verlustfreien Rekonstruktion gelten. Abbildung 4.7 zeigt jeweils den Ausschnitt oben links aus der Gram'schen Matrix der zugehörigen Systemmatrizen. Die Symmetrie der Gram'schen Matrizen ergibt sich aus der Kommutativität des Skalarproduktes. Abgesehen davon weisen die Gram'schen Matrizen der Systemmatrizen sowohl im Frequenzbereich als auch im Zeitbereich eine hochgeordnete Struktur auf. In beiden Domänen ist zu erkennen, dass Nebendiagonalelemente mit hohen Beiträgen existieren, die für die Systemmatrix nach Gleichung 2.47 eine geringe Inkohärenz bedeuten.

Betrachtet man zunächst einmal die Matrix $\mathbf{G} = \mathbf{\Phi\Phi}^*$ bezüglich der Zeilen der Systemmatrizen im Frequenzbereich, wie für eine Untersuchung nach [Gla13, KW13, Web12] notwendig, erkennt man, dass die meisten Messvektoren einen hohen Grad an Orthogonalität zueinander aufweisen, vgl. erste Spalte von Abbildung 4.7. Darin spiegelt sich die Ähnlichkeit der Systemfunktionen zu den Chebyshev-Polynomen wider, da diese eine orthogonale Basis bilden. Die hohe Orthogonalität ist ein Indikator für eine hohe Inkohärenz des Messsystems und trägt dazu bei, dass frühere Arbeiten zu CS bei MPI erfolgreich waren. Da für die in dieser Arbeit verfolgte Anwendung von CS jedoch die Orthogonalität zwischen den Spaltenvektoren der Systemmatrizen von Interesse ist, werden zusätzlich für die Systemmatrizen im Frequenzbereich die Gram'schen Matrizen angegeben, vgl. zweite Spalte von Abbildung 4.7 und Gleichung 3.3. Diese Matrizen weisen nun eine sehr geringe Orthogonalität auf und werden sich aus diesem Grund nicht gut für eine Anwendung von CS eignen. Außerdem erklären sie die hohe Kohärenz in Abbildung 4.3.

Für die Gram'schen Matrizen bezüglich der Spalten im Zeitbereich gilt, dass die Orthogonalität bei allen der drei Matrizen wesentlich höher ist als betrachte man die Spalten der Systemmatrizen im Frequenzbereich, vgl. dritte Spalte von Abbildung 4.7. Die Ausschnitte der Gram'schen Matrizen von S_{128} und S_{400}

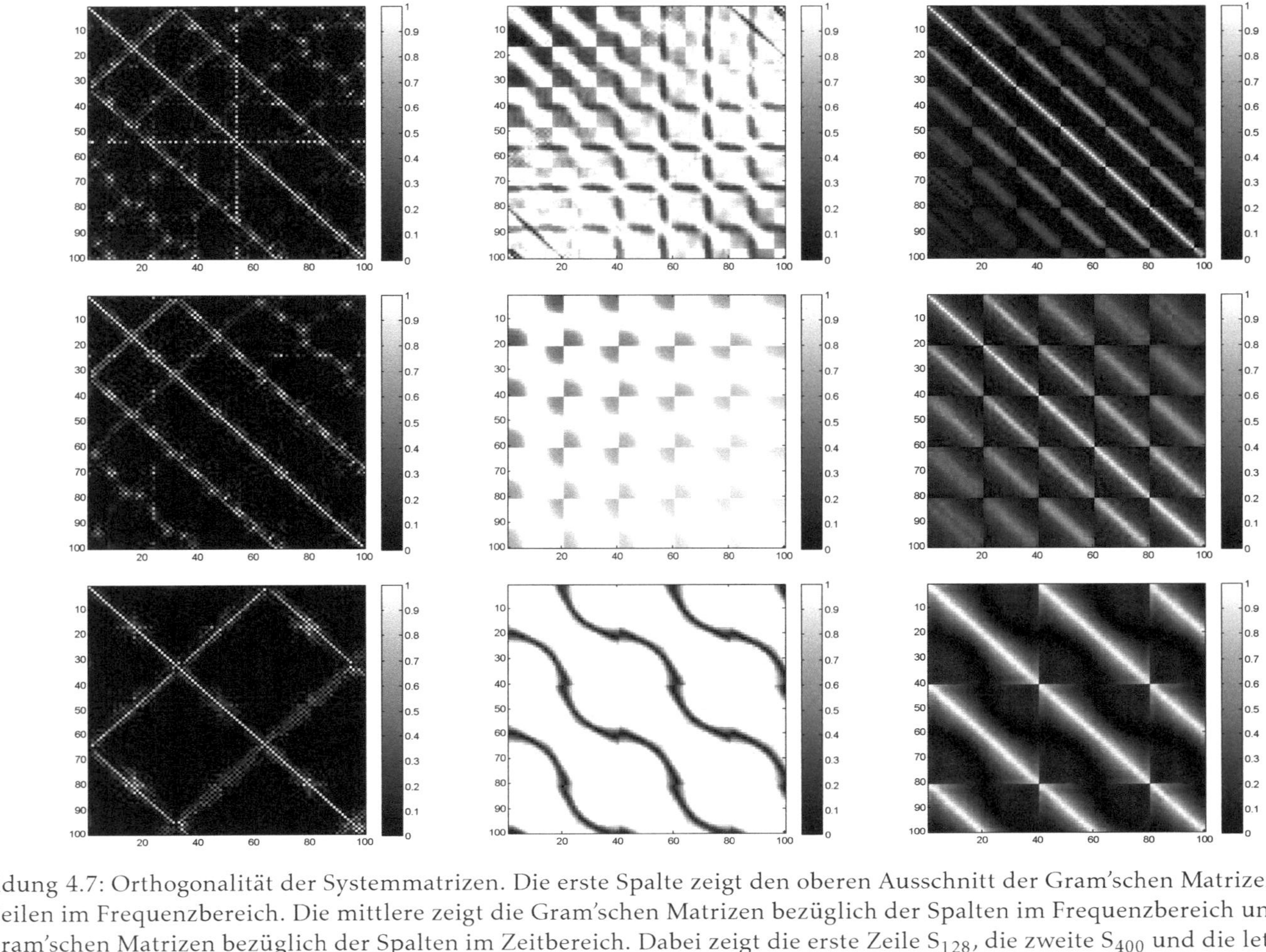

Abbildung 4.7: Orthogonalität der Systemmatrizen. Die erste Spalte zeigt den oberen Ausschnitt der Gram'schen Matrizen bezüglich der Zeilen im Frequenzbereich. Die mittlere zeigt die Gram'schen Matrizen bezüglich der Spalten im Frequenzbereich und die letzte die Gram'schen Matrizen bezüglich der Spalten im Zeitbereich. Dabei zeigt die erste Zeile S_{128}, die zweite S_{400} und die letzte S_{1600}.

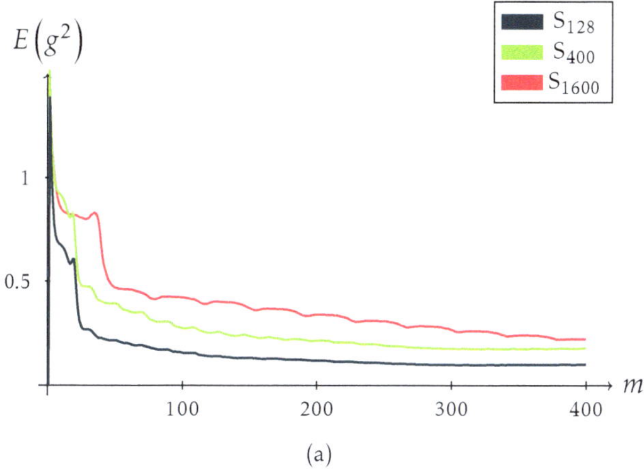

Abbildung 4.8: Orthogonalität reduzierter Messsysteme. Für die drei Datensätze S_{128}, S_{400} und S_{1600} wurde die Orthogonalität nach Gleichung 3.4 für verschiedene Anzahlen an Messwerten m bestimmt. Niedrige Werte entsprechen dabei einer hohen Orthogonalität.

zeigen außerdem, dass die Orthogonalität von der Hauptdiagonalen ausgehend tendenziell nach rechts oben und links unten abnimmt. Dadurch dass auch Nebendiagonalen mit sehr geringer Orthogonalität auftreten, wird für diese Matrizen eine hohe Kohärenz ermittelt, wie Abbildung 4.1 und Abbildung 4.2 gezeigt haben. Abbildung 4.8 zeigt dennoch, dass die Gram'schen Matrizen insgesamt eine hohe Orthogonalität aufweisen. Die Orthogonalität der für die Datensätze S_{128}, S_{400} und S_{1600} erzeugten reduzierten Messsysteme nimmt für eine steigende Anzahl der Messwerte m zu. Ein Vergleich zwischen den Datensätzen zeigt, dass das kleine System S_{128} eine höhere Orthogonalität gegenüber den größeren Systemen S_{400} und S_{1600} aufweist.

Die Untersuchung der Gram'schen Matrizen zeigt insgesamt, dass diese ein System von Systemfunktionen viel detaillierter beschreiben können als der Wert der Inkohärenz nach Gleichung 2.47 allein. Für die Systemmatrizen im Frequenzbereich konnte eine hohe Orthogonalität nachgewiesen werden, die, wie in früheren Arbeiten gezeigt, eine erfolgreiche Anwendung von CS erlaubt. Mit der veränderten Strategie zur Unterabtastung, die in dieser Arbeit betrachtet wird, fällt die Orthogonalität im Frequenzbereich jedoch wesentlich geringer aus. Im Zeitbereich kann eine hohe Orthogonalität bezüglich der Spalten der Systemmatrizen festgestellt werden. Sie ist für den Datensatz mit der kleineren Systemmatrix S_{128} höher als für die größeren Systemmatrizen S_{400} und S_{1600}. Bei einer geeigneten Wahl der Messvektoren könnte daher eine Anwendung von CS zur Reduktion der Anzahl

an Messwerten und damit einhergehend eine Beschleunigung der Signalaufnahme
möglich sein.

4.2 Rekonstruktion unterabgetasteter MPI-Daten

Erste Experimente sollen nach dieser eher theoretischen Herangehensweise untersuchen, ob eine praktische Anwendung von CS für MPI bei einer Betrachtung der
Signalaufnahme im Zeitbereich unter Verwendung unterabgetasteter Messwerte
überhaupt möglich ist. Das Ziel ist, zu untersuchen, ob eine stabile und verlustfreie Rekonstruktion erreicht werden kann. Bezüglich der Stabilität bedeutet dies,
dass insbesondere eine Erhöhung der Anzahl der verwendeten Messwerte zu einem geringeren Rekonstruktionsfehler führen sollte und ab einem bestimmten
Punkt unabhängig von einer weiteren Erhöhung der Anzahl an Messwerten eine
verlustfreie Rekonstruktion erreicht werden kann. Im Anschluss daran werden
verschiedene Methoden zur Erzeugung unterabgetasteter Messdaten auf ihre Eignung für diese Anwendung überprüft. In diesem Zusammenhang wird auch auf
die Möglichkeiten zur Beschleunigung der Signalaufnahme bei MPI eingegangen.
Danach werden weitere Faktoren, die den Erfolg der Rekonstruktion beeinflussen
können, wie das Spärlichkeitslevel und Eigenschaften nichtbinärer Phantome,
untersucht.

4.2.1 Erste Experimente zu Compressed Sensing

In den ersten Experimenten zur Verifizierung der Eignung des MPI-Systems für
eine Anwendung von CS werden vorerst die kleineren Datensätze S_{128} und S_{400}
betrachtet. Des Weiteren wurden einfache Phantome mit Einheitspartikelkonzentration verwendet. In Abbildung 4.9 sind die Phantome für beide Datensätze
dargestellt. Um den Fokus dieser Experimente zuerst auf die Eigenschaften und
das unterschiedliche Verhalten beider Systemmatrizen zu legen, wurden für bei-
de Datensätze ähnliche Phantome mit demselben Spärlichkeitslevel, $\|\mathbf{x}\|_0 = 8$,
verwendet. Damit beträgt die Spärlichkeit nach der Definition aus [BA04] für
S_{128} $1 - (8/128) = 0,9375$ und $1 - (8/400) = 0,98$ für S_{400}. Zunächst wird davon
ausgegangen, dass diese Spärlichkeiten für die erfolgreiche Anwendung von CS
ausreichend sind. Eine genauere Untersuchung der benötigten Spärlichkeit wird in
Unterabschnitt 4.2.3 vorgenommen. Die Unterabtastung bezüglich einer Auswahl
der Zeilen der Systemmatrizen wurde in diesen Experimenten, wie in der Theorie

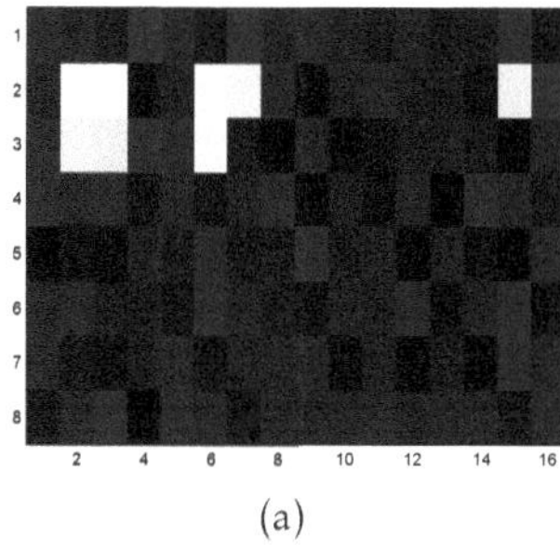 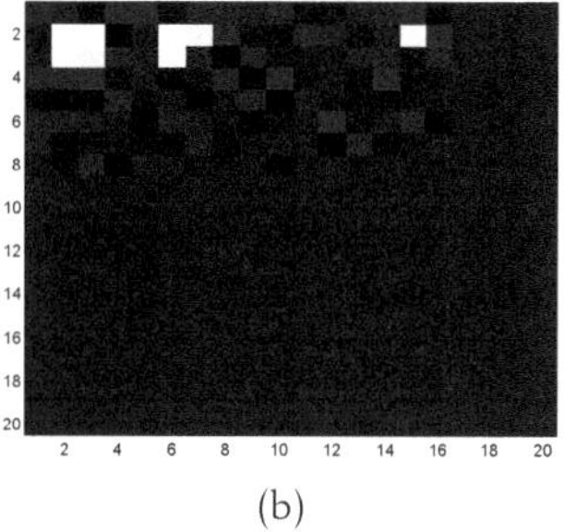

(a)   (b)

Abbildung 4.9: Spärliche Phantome zur Untersuchung der Anwendung von CS bei MPI. Links ist das binäre Phantom für den kleineren Datensatz S_{128} dargestellt. Weiße Pixel stellen eine Einheitspartikelkonzentration dar, schwarze Pixel zeigen Hintergrund. Für den zweiten Datensatz S_{400} wurde dasselbe Phantom in das durch die Systemmatrix abgebildete FOV integriert. Dieses Phantom ist rechts dargestellt.

von CS gefordert, randomisiert vorgenommen. Anschließend wurde jeweils mit den Algorithmen CoSaMP, OMP und der Pseudoinversen eine Rekonstruktion des simulierten Messsignals durchgeführt, vgl. Unterabschnitt 3.4.4. Dabei wird die Rekonstruktion mit der Pseudoinversen für einen Vergleich zu Verfahren mit ℓ_2-Minimierung angegeben. Es wird erwartet, dass die Algorithmen CoSaMP und OMP bei einer Unterabtastung aufgrund ihres nichtlinearen Ansatzes wesentlich besser abschneiden, während bei der Einhaltung des Abtasttheorems und einer Überabtastung alle Algorithmen eine verlustfreie Rekonstruktion ermöglichen sollten.

Für die Beschreibung der Güte des Rekonstruktionsergebnisses im Hinblick auf eine verlustfreie Rekonstruktion des Bildes aus den Messdaten wird der relative Fehler zwischen der Rekonstruktion und dem Original-Phantom angegeben. In Abbildung 4.10 ist dieser für diese ersten Experimente in Abhängigkeit von der Anzahl der verwendeten Messwerte dargestellt. Eine Betrachtung der groben Verläufe der relativen Fehler in Abhängigkeit von der Anzahl der Messungen bestätigt die Annahme einer tendenziellen Reduktion des Rekonstruktionsfehlers bei einer Erhöhung der Anzahl der verwendeten Messwerte. Diese Beobachtung tritt bei allen der drei verwendeten Algorithmen auf. Bei CoSaMP und OMP fällt der Rekonstruktionsfehler schneller ab als bei der Pseudoinversen. Außerdem erreichen diese beiden Algorithmen schon eine verlustfreie Rekonstruktion mit einer Anzahl von Messwerten, die wesentlich geringer ist als die Anzahl an Messwerten, die der Einhaltung des Abtasttheorems entspricht und hier als Vergleichswert betrachtet

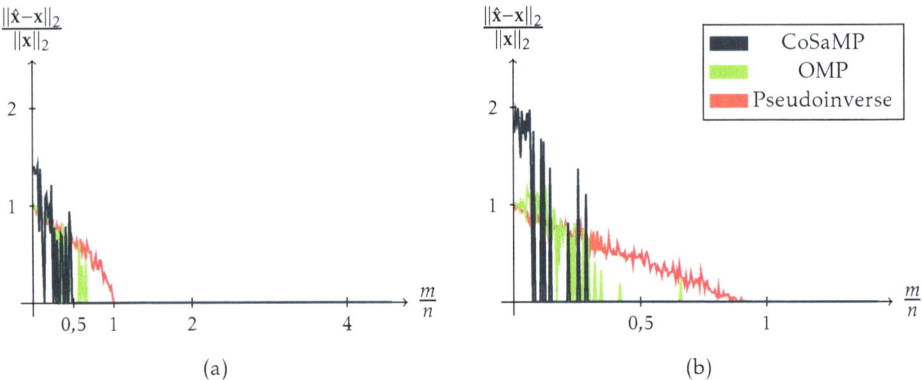

Abbildung 4.10: Relativer Rekonstruktionsfehler in Abhängigkeit von der Anzahl der berücksichtigten Messwerte. Für die drei verwendeten Algorithmen ist der relative Fehler $\|\hat{x} - x\|_2/\|x\|_2$ der Rekonstruktion unter Verwendung von m randomisiert ausgewählten Messwerten angegeben. n gibt dabei die Anzahl der zu rekonstruierenden Pixel an. Links ist das Ergebnis für S_{128} und rechts für S_{400} dargestellt. Bei CoSaMP und OMP kann eine verlustfreie Rekonstruktion mit wesentlich weniger Messungen als durch das Abtasttheorem vorgegeben erreicht werden.

wird. In Tabelle 4.1 sind die zur Rekonstruktion benötigten Anzahlen an Messwerten noch einmal detailliert aufgeführt. Bei beiden untersuchten Systemmatrizen zeigt CoSaMP im Vergleich zu OMP eine höhere Leistungsfähigkeit, da zur verlustfreien Rekonstruktion weniger Messwerte benötigt werden. Dennoch zeigt auch OMP eine deutliche Überlegenheit gegenüber der klassischen Rekonstruktion mit der Pseudoinversen. Bei der Betrachtung der Möglichkeiten zur verlustfreien Rekonstruktion werden bei dem Datensatz S_{400} insgesamt höhere Reduktionsfaktoren bezüglich der Anzahl benötigter Messungen erreicht als bei S_{128}. So ist bei S_{400} schon mit etwa 30% der Messwerte eine verlustfreie Rekonstruktion möglich,

	S_{128}		S_{400}	
	$m_{\min}$	$\frac{m_{\min}}{n}$	$m_{\min}$	$\frac{m_{\min}}{n}$
CoSaMP	72	0,56	115	0,29
OMP	90	0,70	265	0,66
Pseudoinverse	128	1,00	378	0,95

Tabelle 4.1: Anzahl benötigter Messungen zur verlustfreien Rekonstruktion bei randomisierter Auswahl der Messwerte. Für jeden verwendeten Algorithmus gibt $m_{\min}$ die Anzahl der Messungen an, die mindestens benötigt wird, um eine verlustfreie Rekonstruktion zu erzielen. $m_{\min}/n$ gibt zusätzlich den Anteil der Anzahl an benötigten Messungen gegenüber den durch das Abtasttheorem vorgegebenen Anzahl an Messungen an.

während bei S_{128} im besten Fall etwas über 50% der Messwerte benötigt werden. Dies könnte einerseits darauf hindeuten, dass S_{400} bessere Eigenschaften für die Anwendung von CS hat als S_{128} oder dass eine höhere Spärlichkeit des zu rekonstruierenden Signals höhere Reduktionsfaktoren zulässt. Insgesamt zeigen diese Ergebnisse der durchgeführten Experimente, dass die Anwendung von CS bei den vorliegenden MPI-Messsystemen unter Verwendung nichtlinearer Algorithmen eine verlustfreie Rekonstruktion und gleichzeitig eine Reduktion der Messdaten zulässt.

Betrachtet man die Verläufe des Rekonstruktionsfehlers in Abbildung 4.10 noch einmal genauer, dann sinkt der relative Fehler des Rekonstruktionsergebnisses bei einer zunehmenden Zahl der Messwerte nicht, wie angenommen, stetig. Stattdessen unterliegt er starken Schwankungen. Diese Schwankungen zeigen, dass die von den Algorithmen produzierten Ergebnisse stark von der Auswahl der Messungen, also von der Auswahl der Zeilen aus der Systemmatrix, abhängen. Aus diesem Grund wurde der Einfluss, den die bei der Auswahl der Messwerte verwendete Methode auf den Rekonstruktionsfehler hat, in weiteren Experimenten untersucht.

4.2.2 Einflüsse der Methode zur Unterabtastung

Bisher wurden die Messpunkte, die bei der Rekonstruktion berücksichtigt werden, randomisiert ausgewählt. Um zu untersuchen, ob sich die Methode zur Unterabtastung auf die Rekonstruktion auswirkt, wird zunächst eine leicht zu implementierende Methode zur Unterabtastung, die Start-Auswahl, ausführlich betrachtet. Im Anschluss daran wird zusätzlich noch eine weitere Methode, bei der die ausgewählten Abtastpunkte wieder auf einer Lissajousfigur liegen, untersucht. Bei der Durchführung dieser Experimente wurden dieselben Phantome verwendet wie im Unterabschnitt 4.2.1, vgl. Abbildung 4.9.

Start-Auswahl

In den zunächst durchgeführten Experimenten wurden jeweils die ersten m Zeilen aus der Systemmatrix ausgewählt, um eine reduzierte Messmatrix zu erzeugen, vgl. Unterabschnitt 3.4.3. Mit diesen Matrizen wurden die Bilder schließlich unter Verwendung der nichtlinearen Rekonstruktionsalgorithmen CoSaMP und OMP und zusätzlich der Pseudoinversen rekonstruiert. Abbildung 4.11 stellt den relativen Rekonstruktionsfehler für diese Experimente dar. Die Tendenz einer

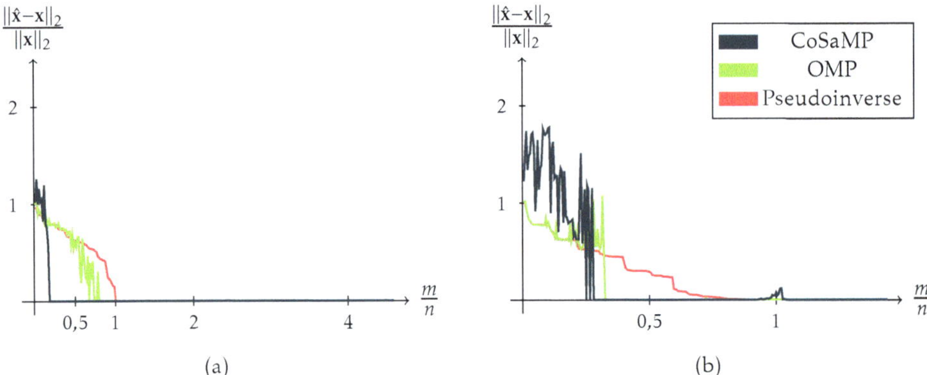

Abbildung 4.11: Rekonstruktionsfehler in Abhängigkeit von der Anzahl der m ersten Messwerte. Der relative Rekonstruktionsfehler $\|\hat{x} - x\|_2/\|x\|_2$ ist für die drei verwendeten Algorithmen CoSaMP, OMP und die Pseudoinverse angegeben. n beschreibt dabei die Anzahl der zu rekonstruierenden Pixel. Für S_{128}, links dargestellt, kann mit CoSaMP unter Verwendung sehr weniger Messungen bereits eine verlustfreie Rekonstruktion erreicht werden. Bei S_{400} zeigen OMP und die Pseudoinverse schneller verlustfreie Rekonstruktionen als unter Verwendung der randomisierten Auswahl der Messwerte.

Abnahme des Fehlers bei steigender Anzahl der bei der Rekonstruktion berücksichtigten Messwerte ist vorhanden, wie in den vorigen Experimenten bereits gezeigt werden konnte. Allerdings sind die Schwankungen des Fehlers nicht mehr so stark, was darauf hindeutet, dass die Start-Auswahl zur Bestimmung der für die Rekonstruktion zu verwendenden Messwerte besser geeignet ist als die randomisierte Auswahl, um stabile Rekonstruktionsergebnisse zu erreichen. In Tabelle 4.2 sind die für diese Experimente ermittelten Anzahlen an Messwerten, die für eine stabile verlustfreie Rekonstruktion benötigt werden, angegeben. Verglichen mit den Ergebnissen für S_{400} bei der randomisierten Auswahlmethode können mit CoSaMP kleine und mit OMP und der Pseudoinversen deutliche Reduktionen der zur verlustfreien Rekonstruktion benötigten Anzahl an Messwerten festgestellt werden. Bei S_{128} gibt es lediglich unter Verwendung von CoSaMP eine deutliche Reduktion der benötigten Messungen. OMP schneidet im Vergleich zur randomisierten Auswahl der Messungen ein wenig schlechter ab. Die guten Ergebnisse, die bei S_{400} unter Verwendung der Pseudoinversen erreicht werden, könnten bedingt durch die besondere Reihenfolge der ausgewählten Messwerte auf die hohe Spärlichkeit des Bildes und die geringe räumliche Ausbreitung der Information tragenden Pixel zurückzuführen sein.

Aufgrund des guten Konvergenzverhaltens unter Verwendung der Start-Auswahl

	S_{128}		S_{400}	
	$m_{\min}$	$\frac{m_{\min}}{n}$	$m_{\min}$	$\frac{m_{\min}}{n}$
CoSaMP	24	0,19	111	0,28
OMP	101	0,79	129	0,32
Pseudoinverse	128	1,00	360	0,90

Tabelle 4.2: Anzahl benötigter Messungen zur verlustfreien Rekonstruktion bei Auswahl der ersten m Messwerte. $m_{\min}$ gibt jeweils die Anzahl der Messungen an, die mindestens benötigt wird, um eine verlustfreie Rekonstruktion zu erzielen. Zusätzlich gibt $m_{\min}/n$ den Anteil der Anzahl an benötigten Messungen gegenüber der durch das Abtasttheorem vorgegebenen Anzahl an Messungen an.

zur Erzeugung reduzierter Messmatrizen und der durchschnittlich besseren Leistungsfähigkeit der nichtlinearen Rekonstruktionsalgorithmen scheint ihre Anwendung vorteilhaft gegenüber einer randomisierten Auswahl an Messwerten zu sein. Damit zeigt dieses Verfahren bessere Ergebnisse als zunächst erwartet.

Unter dem Gesichtspunkt einer Implementierung von CS für die praktische Anwendung bei MPI ist die Start-Auswahl, bei der die ersten m Messwerte betrachtet werden, gegenüber der randomisierten Methode ebenfalls klar im Vorteil. Sollen nur die ersten m Messwerte aufgenommen werden, bedeutet dies, dass die Signalaufnahme früher beendet werden kann als klassischerweise üblich. Würde man hingegen eine randomisierte Auswahl an Messwerten realisieren wollen, müsste eine FFP-Trajektorie gewählt werden, auf der all diese zufällig gewählten Messpunkte liegen. Da das Hauptinteresse dieser Untersuchungen auf einer Verringerung der Aufnahmezeit liegt, würde bei einer Messung derselben Anzahl an Messpunkten bei einer randomisierten Auswahl dieser Punkte weniger Zeit eingespart werden können als bei der Start-Auswahl. Bei der Start-Auswahl könnte allerdings mit einem Abtastintervall von Δt die reine Signalaufnahme, die ursprünglich eine Dauer von $n \cdot \Delta t$ (bzw. $p \cdot \Delta t$, vgl. Gleichung 3.6) betragen hat, auf $m_{\min} \cdot \Delta t$ reduziert werden. Für die in diesen Experimenten betrachteten Phantome beträgt die Dauer der Datenaufnahme bei S_{128} im besten Fall unter Anwendung des CoSaMP-Algorithmus $24 \cdot \Delta t$ statt $128 \cdot \Delta t$ (bzw. $577 \cdot \Delta t$). Dies entspricht einer Reduktion um den Faktor 5. Bei S_{400} kann die Signalaufnahme ebenfalls mit einer Rekonstruktion durch CoSaMP effektiv um einen Faktor von 3,6 beschleunigt werden. Dabei muss man berücksichtigen, dass bei dieser Auswahl der Messwerte keine periodische FFP-Trajektorie verwendet wird und möglicherweise eine zusätzliche Zeitdauer benötigt wird, um die Aufnahme eines weiteren Bildes einzuleiten. Dennoch sollte selbst unter diesen Umständen mit der

Start-Auswahl eine deutliche Reduktion der vollständigen Messdauer ermöglicht werden.

Die Datenaufnahme mit der Start-Auswahl ist im Hinblick auf eine technische Realisierung jedoch problematisch, da keine kontinuierlich periodische Signalaufnahme erfolgen würde. Aus diesem Grund wird ein periodisches Verfahren, die Lissajous-Auswahl, zur Unterabtastung der Messdaten auf seine Eignung für die Anwendung von CS untersucht.

Lissajous-Auswahl

Die Erzeugung unterabgetasteter Messwerte, die auf einer Lissajoustrajektorie mit einer geringeren Dichte liegen, vgl. Unterabschnitt 3.4.3, beeinflusst verschiedene Parameter: Da mit diesem Verfahren zur Unterabtastung ebenfalls wieder eine periodische Lissajoustrajektorie mit ganzzahligen Frequenzverhältnissen erzeugt werden soll, ist die Anzahl der Abtastwerte sowie die Periodendauer für jede der infrage kommenden Lissajousfiguren fest vorgegeben. Die sich ergebenden Kennzahlen sind in Tabelle 4.3 aufgeführt. Die Experimente zur Rekonstruktion der Bilder aus den reduzierten Messdaten werden in diesem Fall aufgrund der besonderen Auswahl der Messwerte nicht für jede beliebige Anzahl von Messwerten evaluiert, sondern nur für die durch die jeweilige Lissajousfigur vorgegebene

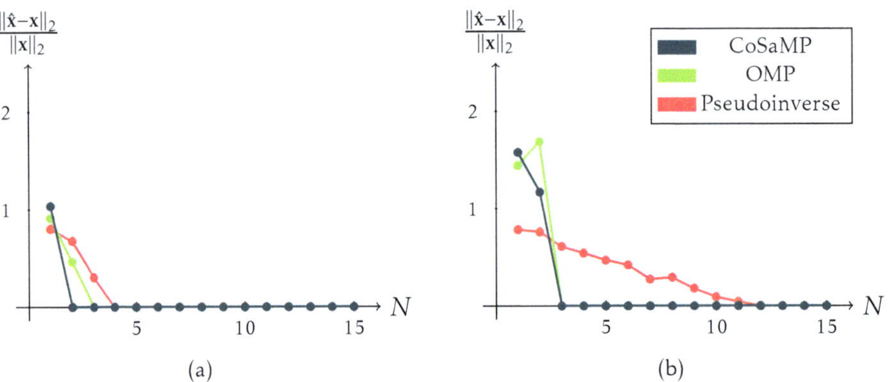

Abbildung 4.12: Rekonstruktionsfehler unter Verwendung einer periodischen Lissajoustrajektorie mit Dichteparameter N. Dabei steht dieser Parameter in direktem Zusammenhang mit der Anzahl der zur Rekonstruktion benötigten Messwerte. Die dargestellten Verbindungslinien dienen nur zur Orientierung. Der relative Rekonstruktionsfehler $\|\hat{x}-x\|_2/\|x\|_2$ ist für die drei verwendeten Algorithmen CoSaMP, OMP und die Pseudoinverse dargestellt. Sowohl bei S_{128} (a) und S_{400} (b) zeigen CoSaMP und OMP eine gute Leistungsfähigkeit.

N	T_R	m	Lissajoustrajektorie
1	0,04	39	
2	0,08	77	
3	0,12	116	
4	0,16	154	
5	0,20	192	
6	0,24	231	
7	0,28	269	
8	0,32	308	
9	0,36	346	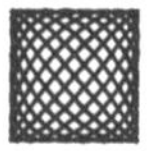
10	0,40	385	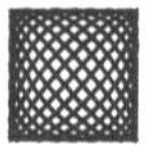
11	0,44	423	
12	0,48	461	
13	0,52	500	
14	0,56	538	
15	0,60	577	

Tabelle 4.3: Kennzahlen der zur Unterabtastung verwendeten Lissajousfiguren. Für jeden Dichteparameter N wird die Lissajousfigur mit einem Frequenzverhältnis von $N/(N+1)$ betrachtet. Jeweils die Periodendauer T_R, die Anzahl der Abtastpunkte unter Beibehaltung der verwendeten Abtastfrequenz sowie eine Skizze der Trajektorie sind angegeben.

Anzahl. Die relativen Fehler der Rekonstruktion mit den drei Algorithmen sind für die betreffenden Lissajousfiguren in Abbildung 4.12 dargestellt. CoSaMP zeigt wieder bei beiden Datensätzen eine gute Leistungsfähigkeit. Bei S_{128} wird mit

	S_{128}		S_{400}	
	m_N	$\frac{m_N}{n}$	m_N	$\frac{m_N}{n}$
CoSaMP	77	0,60	116	0,29
OMP	116	0,91	116	0,29
Pseudoinverse	154	1,20	461	1,15

Tabelle 4.4: Anzahl benötigter Messungen zur verlustfreien Rekonstruktion unter Verwendung der Lissajous-Auswahl. m_N gibt jeweils die Anzahl der Messwerte an, die zu der Lissajousfigur mit dem Dichteparameter N gehört und eine verlustfreie Rekonstruktion ermöglicht. Zusätzlich gibt m_N/n den Anteil der Anzahl der ermittelten Messungen gegenüber der durch das Abtasttheorem vorgegebenen Anzahl an Messungen an.

CoSaMP schon ab einem Dichteparameter von $N = 2$ eine exakte Rekonstruktion erreicht. Dies entspricht einer Anzahl von 77 Messungen, vgl. Tabelle 4.3, und liegt damit ähnlich gut wie die randomisierte Abtastmethode, vgl. Tabelle 4.1. Verglichen mit der Start-Auswahl werden bei der Lissajous-Auswahl deutlich mehr Messwerte für eine verlustfreie Rekonstruktion benötigt. Unter Verwendung des OMP-Algorithmus wird eine verlustfreie Rekonstruktion ab einem Dichteparameter von $N = 3$, bei der Pseudoinversen erst ab $N = 4$ erreicht. Bei S_{400} liegt die Anzahl der benötigten Messwerte bei einem Dichteparameter von $N = 3$ bei 116 und befindet sich damit in demselben Bereich wie bei der randomisierten Methode oder der Start-Auswahl. Eine Anwendung von OMP zeigt gegenüber den beiden anderen Verfahren zur Unterabtastung ebenfalls mit einem Dichteparameter von $N = 3$ ähnlich gute Ergebnisse. Eine Rekonstruktion mit der Pseudoinversen ist bei der Lissajous-Auswahl bei beiden Datensätzen nur möglich, wenn die Anzahl der Messungen etwa mit der Anzahl der zu rekonstruierenden Pixel übereinstimmt und entspricht damit dem erwarteten Ergebnis.

Die mit einer Lissajous-Auswahl ermittelten Anzahlen an Messwerten, die für eine exakte Rekonstruktion der Phantome benötigt werden, können mit denen der beiden anderen Methoden zur Erzeugung reduzierter Messmatrizen nicht direkt verglichen werden. Da aufgrund der verwendeten Interpolation, vgl. Unterabschnitt 3.4.3, bei der Aufstellung der reduzierten Messmatrix kein voller Zeilenrang gewährleistet werden kann, ist die tatsächlich berücksichtigte Anzahl an Messwerten niedriger als in Tabelle 4.3 angegeben. Dennoch werden sie in Tabelle 4.4 aufgeführt und ein Vergleich der Anzahlen an benötigten Messwerten auch unter der Berücksichtigung dieser Problematik zeigt, dass die Lissajous-Auswahl unter Verwendung der drei Algorithmen ähnlich gute Ergebnisse erzielt wie die randomisierte Methode und die Start-Auswahl.

Da die Lissajoustrajektorien periodisch sind, stellen diese in Bezug auf eine Implementierung in einem realen Messsystem einen enormen Vorteil gegenüber den beiden anderen Methoden dar, weil keine zusätzliche Zeit benötigt wird, um eine neue Bildaufnahme einzuleiten. Gegenüber der Lissajous-Auswahl zeigt die Start-Auswahl unter Verwendung des CoSaMP-Algorithmus bei S_{128} jedoch größere Möglichkeiten im Hinblick auf eine Reduktion der benötigten Messwerte und damit auch in Bezug auf eine Verringerung der Messdauer. Da diese Überlegenheit bei S_{400} nicht mehr vorhanden ist, ist eine Implementierung der Start-Auswahl möglicherweise nur für kleine FOVs vorteilhaft, vorausgesetzt der zeitliche Vorteil bleibt bei der Aufnahme einer Bildfolge bestehen. Die Lissajous-Auswahl zeigt unabhängig von solchen Bedingungen hervorragende Ergebnisse für eine Verringerung der Messdauer. Im besten Fall kann bei S_{128} die Akquisitionszeit von $T_R = 0,6$ s auf $0,08$ s reduziert werden. Dies entspricht einem Faktor von $7,5$. Bei S_{400} kann ein Reduktionsfaktor von 5 erreicht werden, da die Messdauer von $T_R = 0,6$ s auf $0,12$ s gesenkt werden konnte. Dies bedeutet, dass unter Beibehaltung der räumlichen Auflösung die zeitliche Auflösung um das Fünffache gesteigert werden kann.

4.2.3 Einflüsse des Spärlichkeitslevels

Bei den bisher betrachteten Experimenten wurde ein Spärlichkeitslevel, das für die Anwendung von CS als akzeptabel angesehen wurde, vorgegeben. Da mit den verwendeten nichtlinearen Verfahren CoSaMP und OMP auch bei einer Unterabtastung des Messsignals eine verlustfreie Rekonstruktion möglich war, scheint das Spärlichkeitslevel ausreichend niedrig gewählt gewesen zu sein. In weiteren Experimenten soll untersucht werden, wie sich eine Änderung dieses Parameters auf das Rekonstruktionsergebnis auswirkt. Es wird erwartet, dass für die Rekonstruktion eines Phantoms mit einem niedrigen Spärlichkeitslevel weniger Messwerte zur verlustfreien Rekonstruktion ausreichen als für Phantome mit höheren Spärlichkeitslevels. Wird das Spärlichkeitslevel so weit erhöht, dass im eigentlichen Sinn nicht mehr von einem spärlichen Signal gesprochen werden kann, wird der Ansatz des CS mit der nichtlinearen Rekonstruktion versagen, da sie auf dieser Voraussetzung beruht und die Spärlichkeit nicht länger gegeben ist.

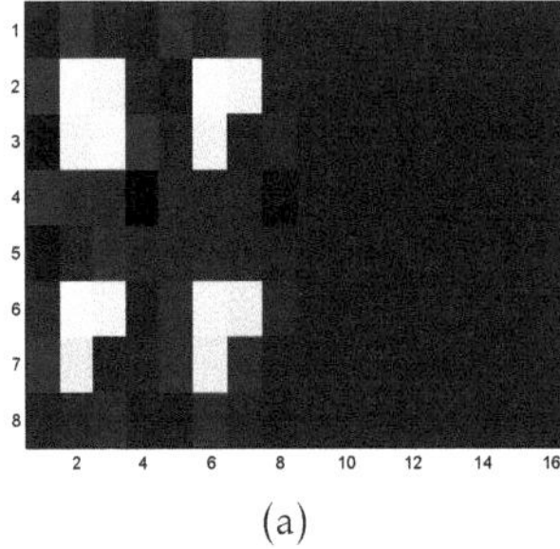

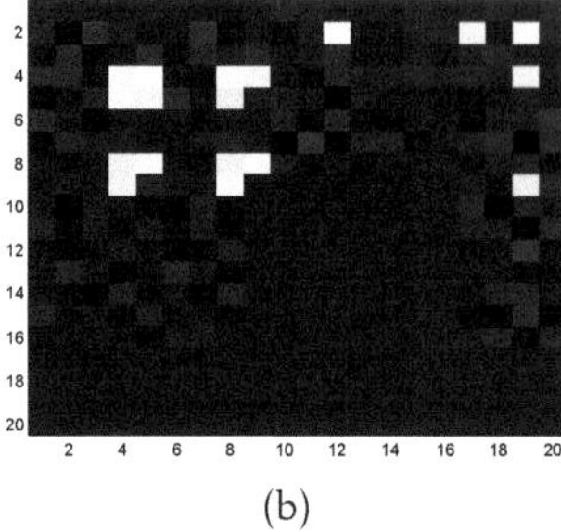

(a)   (b)

Abbildung 4.13: Phantome zur Untersuchung des Einflusses der Spärlichkeit bei der Anwendung von CS bei MPI. Das binäre Phantom für S_{128} ist links dargestellt, das für S_{400} ist rechts dargestellt.

Zunächst wird wie in den vorigen Experimenten ein konkretes Beispiel betrachtet. Daher wurden für die Datensätze S_{128} und S_{400} neue Phantome mit höheren Spärlichkeitslevels generiert. In Abbildung 4.13 sind diese neuen Phantome gezeigt. Bei S_{128} beträgt das Spärlichkeitslevel des Phantoms $\|\mathbf{x}\|_0 = 13$ und die Spärlichkeit $1 - (13/128) = 0,8984$, bei S_{400} ist das Spärlichkeitslevel $\|\mathbf{x}\|_0 = 18$ und die Spärlichkeit beträgt $1 - (18/400) = 0,955$. Zur Unterabtastung wurde die Start-Auswahl eingesetzt, bei der die ersten m Zeilen der Systemmatrix betrachtet werden. Für verschiedene Unterabtastraten wurde anschließend der relative Fehler des Rekonstruktionsergebnisses ermittelt. Diese Ergebnisse sind in Abbildung 4.14 dargestellt. Die Grafik zeigt, dass bei S_{128} unter Verwendung von CoSaMP und OMP keine verlustfreie Rekonstruktion mehr erzielt werden kann. Zwar fällt der relative Rekonstruktionsfehler bei steigender Anzahl der bei der Rekonstruktion berücksichtigten Messwerte nahezu kontinuierlich, dennoch kann selbst bei einer signifikanten Überabtastung des Signals keine korrekte Rekonstruktion durchgeführt werden. Mittels der Pseudoinversen ist hingegen ab einer Anzahl von Messwerten, die etwa dem Nyquist-Shannon'schen Abtasttheorem entspricht, eine exakte Rekonstruktion möglich. Bei S_{400} verhält es sich bei einer Rekonstruktion mit der Pseudoinversen ebenso wie bei S_{128}. Ab einer Anzahl von Messwerten, die dem Abtasttheorem entspricht, ist eine exakte Rekonstruktion möglich. Durch Anwendung der nichtlinearen Algorithmen CoSaMP und OMP kann schon mit einer geringeren Anzahl an Messwerten eine verlustfreie Rekonstruktion erreicht werden. Hierbei zeigt CoSaMP wieder eine bessere Leistungsfähigkeit als OMP. Die genauen Angaben über die Anzahlen der Messwerte sind in Tabelle 4.5 zu finden.

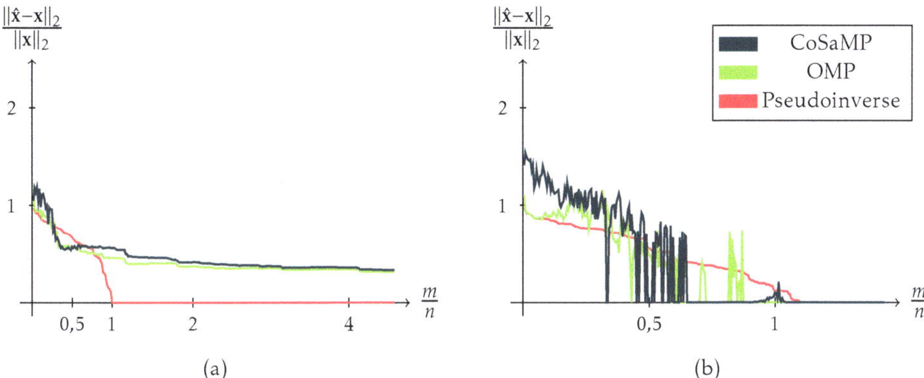

Abbildung 4.14: Relativer Rekonstruktionsfehler in Abhängigkeit von der Anzahl der verwendeten Messwerte m. Die Messwerte wurden nach der Start-Auswahl ermittelt. Die Untersuchung der Leistungsfähigkeit der drei verwendeten Algorithmen CoSaMP, OMP und der Pseudoinversen zeigt, dass der Erfolg von CoSaMP und OMP an eine ausreichende Spärlichkeit des Signals geknüpft ist. (a) zeigt die Ergebnisse für S_{128}, (b) für S_{400}.

	S_{128}		S_{400}	
	$m_{\min}$	$\frac{m_{\min}}{n}$	$m_{\min}$	$\frac{m_{\min}}{n}$
CoSaMP	-	-	259	0,65
OMP	-	-	349	0,87
Pseudoinverse	128	1,00	440	1,10

Tabelle 4.5: Anzahlen benötigter Messwerte für eine verlustfreie Rekonstruktion von Bildern mit hohen Spärlichkeitslevels.

Die vorgestellten Experimente demonstrieren, dass das Spärlichkeitslevel bzw. die Spärlichkeit des Bildes einen Einfluss darauf hat, wie viele Messwerte benötigt werden, um eine verlustfreie Rekonstruktion zu erreichen. Bei der Durchführung dieser Experimente wurden im Vergleich zu den bisher vorgestellten Experimenten lediglich die verwendeten Phantome und damit die Spärlichkeitslevels verändert. Dass unter Verwendung des Messsystems von S_{128} mit den nichtlinearen Algorithmen nun keine verlustfreie Rekonstruktion mehr möglich ist, zeigt, dass das Spärlichkeitslevel entscheidend dafür ist, ob die Anwendung von CS erfolgreich durchgeführt werden kann. Bei diesem konkreten Messsystem ist eine Spärlichkeit von etwa 0,94 für eine verlustfreie Rekonstruktion ausreichend, während eine Spärlichkeit von etwa 0,90 nicht mehr ausreicht, um das Bild zu rekonstruieren. Bei S_{400} ist mit einer Spärlichkeit von etwa 0,96 gegenüber 0,98 weiterhin eine exakte Rekonstruktion möglich. Vergleicht man die für die ver-

lustfreie Rekonstruktion benötigte Anzahl an Messwerten, vgl. Tabelle 4.2 und
Tabelle 4.5, liegen diese bei den Experimenten mit erhöhtem Spärlichkeitslevel
deutlich höher. Damit hat das Spärlichkeitslevel des Bildes nicht nur einen Einfluss darauf, ob bei den MPI-Messsystemen eine exakte Rekonstruktion möglich
ist, sondern auch auf die dafür benötigte Anzahl an Messwerten.

4.2.4 Rekonstruktion nichtbinärer Phantome

Es konnte gezeigt werden, dass Eigenschaften des zugrundeliegenden Bildes einen
Einfluss auf den Erfolg der nichtlinearen Rekonstruktionsalgorithmen haben.
In den folgenden Experimenten soll daher überprüft werden, ob nicht nur das
Spärlichkeitslevel sondern auch weitere Eigenschaften der Phantome die Rekon-
struktion beeinflussen können. Dafür werden für die Datensätze S_{128} und S_{400}
nichtbinäre Phantome erzeugt. Wie in Abbildung 4.15 dargestellt, wurde das
Phantom für S_{128} in Anlehnung an das Experiment aus Unterabschnitt 4.2.1 mit
einem Spärlichkeitslevel von $\|\mathbf{x}\|_0 = 8$ entworfen. Das Phantom für S_{400} stellt eine
nichtbinäre Version des Phantoms aus Unterabschnitt 4.2.3 dar. Das Spärlichkeits-
level beträgt $\|\mathbf{x}\|_0 = 18$.
Die Experimente wurden für unterschiedliche Unterabtastraten bezüglich der Anzahl der zur Rekonstruktion verwendeten Messwerte durchgeführt. Dabei wurde
die Methode der Start-Auswahl zur Erzeugung der reduzierten Messmatrizen verwendet. In Abbildung 4.16 ist der relative Fehler des Rekonstruktionsergebnisses
$\hat{\mathbf{x}}$ zum wahren Bild $\mathbf{x}$ dargestellt. Vergleicht man diese Grafik für S_{128} mit Abbil-

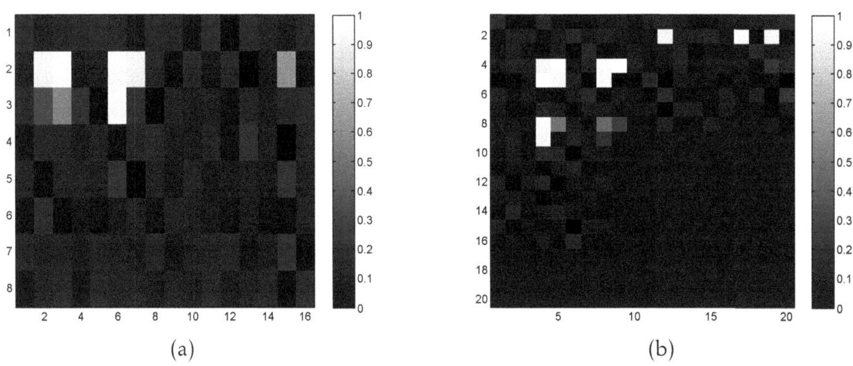

(a)   (b)

Abbildung 4.15: Nichtbinäre Phantome. In Anlehnung an die bereits verwendeten Phantome wurden für S_{128} (a) und S_{400} (b) nichtbinäre Bilder entworfen.

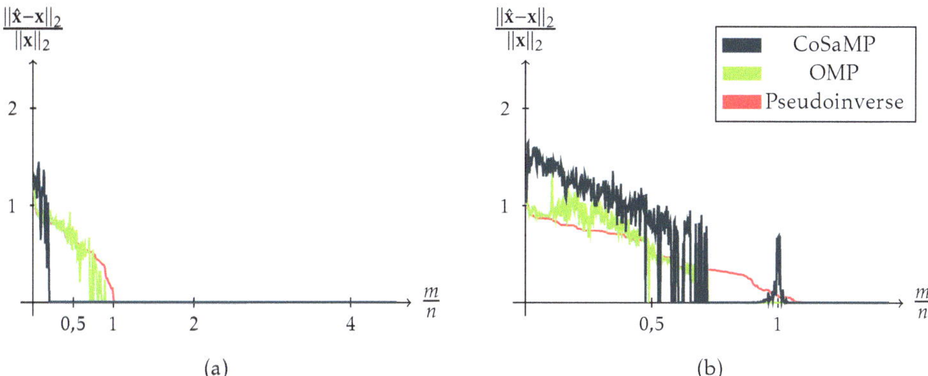

Abbildung 4.16: Relativer Fehler bei der Rekonstruktion nichtbinärer Phantome in Abhängigkeit von der Anzahl der verwendeten Messwerte m. Dabei beschreibt n die Anzahl der zu rekonstruierenden Pixel, $\hat{x}$ das Rekonstruktionsergebnis und x das wahre Signal. (a) zeigt die Ergebnisse für S_{128} und (b) die für S_{400}.

dung 4.11 (a) und für S_{400} mit Abbildung 4.14 (b), dann sind die Verläufe nahezu gleich. Die in Tabelle 4.6 angegebenen Messwerte, die für eine verlustfreie Rekonstruktion benötigt werden, zeigen, dass CoSaMP und die Pseudoinverse bei der Rekonstruktion der nichtbinären Phantome dieselbe Leistungsfähigkeit aufweisen wie bei ihrer Anwendung zur Rekonstruktion der Phantome mit Einheitskonzentration. CoSaMP kann in beiden Fällen die Phantome exakt rekonstruieren, wenn nur sehr wenige Messwerte zur Verfügung stehen. Die Pseudoinverse benötigt hingegen aufgrund ihrer schlechten Eignung für die Verwendung bei CS zur verlustfreien Rekonstruktion genauso viele Messwerte, wie durch das Abtasttheorem vorgegeben. OMP zeigt bei den beiden Datensätzen ein entgegengesetztes Verhalten: Bei S_{400} sind zur exakten Rekonstruktion ebenso wenig Messwerte ausreichend wie bei CoSaMP. Damit sind dies sogar weniger Messwerte als für das Phantom mit Einheitskonzentration benötigt werden. Bei S_{128} werden unter Verwendung von OMP etwa 10% mehr Messwerte benötigt als bei dem binären Phantom. Damit zeigt OMP bei dieser Aufgabenstellung eine deutlich schlechtere Lösung des Problems und benötigt sogar fast ebenso viele Messwerte wie die Pseudoinverse.

Die Experimente mit den nichtbinären Phantomen demonstrieren, dass die Größenordnung der Partikelkonzentration nur einen sehr geringen Einfluss auf die Anzahl der Messwerte hat, die für eine verlustfreie Rekonstruktion notwendig sind.

	S_{128}		S_{400}	
	$m_{\min}$	$\frac{m_{\min}}{n}$	$m_{\min}$	$\frac{m_{\min}}{n}$
CoSaMP	26	0,20	287	0,72
OMP	115	0,90	288	0,72
Pseudoinverse	128	1,00	440	1,10

Tabelle 4.6: Messwerte zur verlustfreien Rekonstruktion nichtbinärer Bilder unter Verwendung der Systemmatrizen der Datensätze S_{128} und S_{400}.

4.3 Leistungsfähigkeit von Compressed Sensing bei MPI

Bisher konnte in verschiedenen Experimenten gezeigt werden, dass CS bei der Betrachtung der MPI-Signalaufnahme im Zeitbereich erfolgreich zur Reduktion der Messdauer angewendet werden kann. Dabei spielt vor allem die Spärlichkeit des zu rekonstruierenden Bildes eine wesentliche Rolle, wenn es um die Leistungsfähigkeit der Anwendung von CS geht. Um besser einschätzen zu können, wie stark dieser Faktor auf das Rekonstruktionsergebnis einwirken kann, wird eine zusätzliche Untersuchung des verwendeten Systems aus MPI-Messmatrizen und nichtlinearen Rekonstruktionsalgorithmen durchgeführt. Dafür wird zunächst die Güte des Rekonstruktionsergebnisses in Abhängigkeit von einem vorgegebenen Spärlichkeitslevel sowie in Abhängigkeit von der Anzahl der verwendeten Messwerte ermittelt. Anschließend werden aus diesen Ergebnissen Phasendiagramme, die in Unterabschnitt 3.3.4 eingeführt wurden, berechnet. Sie lassen weiterhin einen Vergleich zwischen den verwendeten Algorithmen zu.

In den bislang betrachteten Experimenten wurden nur ideal simulierte MPI-Systemmatrizen ohne Rauscheinflüsse verwendet, daher werden anschließend die Einflüsse verrauschter Messdaten auf das Rekonstruktionsergebnis untersucht sowie Experimente zur Rekonstruktion aus realistischen Simulationsdaten durchgeführt.

4.3.1 Phasendiagramme für CoSaMP und OMP

Für die Datensätze S_{128} und S_{400} wird zunächst der Zusammenhang zwischen der Anzahl der zur Rekonstruktion betrachteten Messwerte und dem Spärlichkeitslevel des zu rekonstruierenden Bildes untersucht. Da die nichtlinearen Rekonstruktionsalgorithmen eine Spärlichkeit voraussetzten, wie bereits in Experimenten in Unterabschnitt 4.2.3 demonstriert, wird erwartet, dass ab einem bestimmten Spärlichkeitslevel keine exakte Rekonstruktion mehr möglich sein wird. Eine detaillierte Untersuchung des Einflusses des Spärlichkeitslevels ist an dieser Stelle von besonderem Interesse, da CS es erlaubt, eine Spärlichkeitstransformation einzuführen, die die Spärlichkeit des zu rekonstruierenden Bildes sehr gering hält, vgl. Abschnitt 3.1. Aus diesem Grund ist auch die Anwendung von CS bei MPI nicht auf ein bestimmtes Maß an Spärlichkeit festgelegt. Im Folgenden soll daher ebenfalls untersucht werden, welche Reduktionsfaktoren bezüglich der Anzahl an Messungen unter der Voraussetzung einer verlustfreien Rekonstruktion erreicht werden können, wenn eine ausreichend hohe Spärlichkeit vorliegt

Bei den nachfolgenden Rekonstruktionsexperimenten wurden die erforderlichen, k-spärlichen Phantome so generiert, dass die ersten k Einträge des Bildes auf eins gesetzt wurden. Damit enthalten die Bilder nur Binärwerte. Zur Erzeugung der reduzierten Messmatrizen mit verschiedenen Unterabtastraten wurde die Start-Auswahl eingesetzt.

Der für verschiedene Unterabtastraten und Spärlichkeitslevels des zu rekonstruierenden Bildes ermittelte relative Fehler für den Datensatz S_{128} ist in Abbildung 4.17 einmal unter Verwendung von CoSaMP und einmal unter Verwendung von OMP dargestellt. Beide Grafiken bestätigen die Annahme, dass eine verlustfreie Rekonstruktion nur unter der Voraussetzung eines niedrigen Spärlichkeitslevels erreicht werden kann. Für Bilder mit höheren Spärlichkeitslevels ist das Rekonstruktionsergebnis mit einem Fehler behaftet, der mit steigender Unterabtastrate abnimmt, jedoch auch ohne Unterabtastung einen signifikant hohen Wert aufweist. Für beide Algorithmen kann ein Schwellwert für das Spärlichkeitslevel mit $k_{\mathrm{max}} = 8$ aus den Grafiken ermittelt werden, bis zu dem eine verlustfreie Rekonstruktion möglich ist. Liegt das Spärlichkeitslevel über diesem Schwellwert, kann keine verlustfreie Rekonstruktion mehr erzielt werden. Dabei ist dieser Schwellwert weitestgehend unabhängig von der Unterabtastrate.

Aus den Ergebnissen dieser Experimente werden außerdem Phasendiagramme berechnet, die in Abbildung 4.18 dargestellt sind. Sie verdeutlichen, dass die Spärlichkeit einen sehr starken Einfluss auf das Rekonstruktionsergebnis hat. Ist das Spärlichkeitslevel ausreichend niedrig, sind Messwerte in derselben Größenordnung zur exakten Rekonstruktion ausreichend. Für Signale, die die Anforderung der Spärlichkeit nicht erfüllen, kann mit den hier vorgestellten Algorithmen keine Rekonstruktion des Bildes erreicht werden. Dies gilt auch dann, wenn die Anzahl

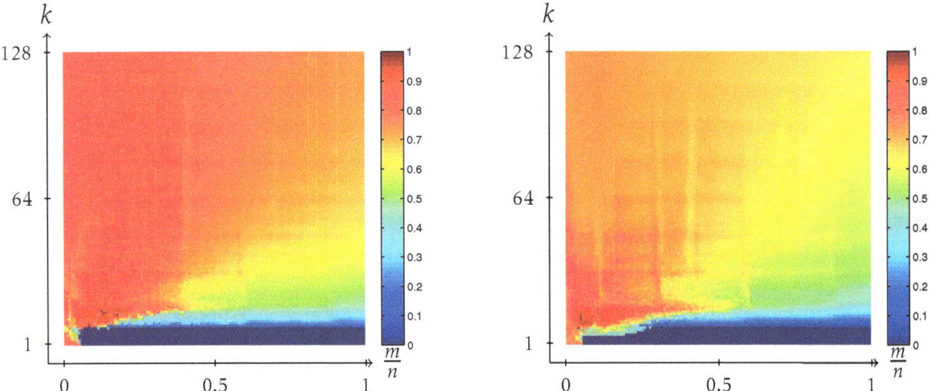

Abbildung 4.17: Relativer Fehler $\|\hat{x} - x\|_2/\|x\|_2$ des rekonstruierten Bildes $\hat{x}$ gegenüber dem wahren Bild x in Abhängigkeit von einem vorgegebenen Spärlichkeitslevel k sowie in Abhängigkeit von der Unterabtastrate m/n. Dabei gibt m die Anzahl der verwendeten Messwerte und $n = 128$ die Anzahl der zu rekonstruierenden Pixel an. In der linken Grafik wurde die Systemmatrix S_{128} in Kombination mit CoSaMP verwendet. Rechts wurde OMP als Rekonstruktionsalgorithmus eingesetzt. Unter Verwendung beider Algorithmen ist bei ausreichend hoher Unterabtastrate eine exakte Rekonstruktion möglich, wenn das Spärlichkeitslevel maximal 8 beträgt.

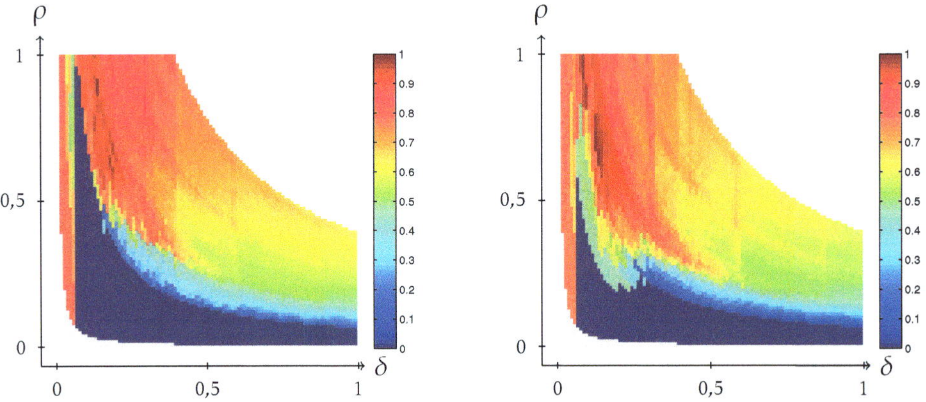

Abbildung 4.18: Phasendiagramme für S_{128}. Der relative Fehler ist bezüglich der Unterabtastrate $\delta = m/n$ und der Überabtastrate $\rho = k/m$ dargestellt. Die linke Grafik zeigt das Phasendiagramm unter Verwendung von CoSaMP, die rechte Grafik stellt das Phasendiagramm für eine Rekonstruktion mit OMP dar.

der zur Rekonstruktion zur Verfügung stehenden Messwerte erhöht wird.

Für den Datensatz S_{400} wurde ebenfalls der relative Fehler für verschiedene Unterabtastraten und Spärlichkeitslevels untersucht. In Abbildung 4.19 sind die Ergebnisse grafisch dargestellt. Es wurde bereits mehrfach gezeigt, insbesonde-

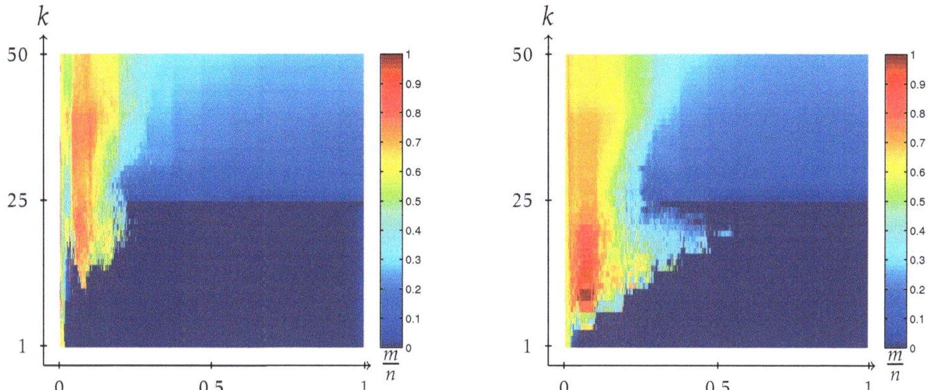

Abbildung 4.19: Rekonstruktionsfehler in Abhängigkeit von vorgegebenen Spärlichkeitsle-vels k und Unterabtastraten m/n. Links sind die Ergebnisse für S_{400} unter Anwendung von CoSaMP, rechts unter Anwendung von OMP dargestellt. Bis zu einem Spärlichkeitslevel von maximal 25 ist bei ausreichend hoher Unterabtastrate eine verlustfreie Rekonstruktion möglich.

re auch für S_{128} in Abbildung 4.17, dass ein hohes Spärlichkeitslevel bei der nichtlinearen Rekonstruktion, die bei CS verwendet wird, nachteilig ist. Daher werden hier bei der Untersuchung von S_{400} nur Spärlichkeitslevels im Bereich von $k = 1, ..., 50$ betrachtet. Unter Verwendung beider Algorithmen kann ebenfalls wieder ein Schwellwert für das Spärlichkeitslevel definiert werden, das maximal $k_{max} = 25$ betragen darf, um eine verlustfreie Rekonstruktion des Bildes zu er-möglichen. Dabei schneidet CoSaMP im Verglich zu OMP besser ab, da CoSaMP Bilder mit dem Spärlichkeitslevel k_{max} schon bei einer Unterabtastrate von 0,25 verlustfrei rekonstruieren kann, während OMP im schlechtesten Fall eine Unter-abtastrate von über 0,5 benötigt. Die zugehörigen Phasendiagramme, die diese Beobachtung noch einmal unterstreichen, sind in Abbildung 4.20 dargestellt.

Die Phasendiagramme belegen, dass CS bei MPI sehr erfolgreich zur Redukti-on der Messdaten beitragen kann, wenn eine genügend hohe Spärlichkeit des Bildes vorliegt. Für beide Datensätze kann eine notwendige Anforderung an die Spärlichkeit des zu rekonstruierenden Bildes formuliert werden: Die Spärlich-keit darf bei den verwendeten MPI-Messsystemen und Algorithmen nicht unter $1 - \frac{k_{max}}{n} = 93{,}75\%$ liegen. Dies entspricht genau den ermittelten Werten $1 - 8/128$ für S_{128} und $1 - 25/400$ für S_{400} und stimmt mit den Ergebnissen der Experimente aus Unterabschnitt 4.2.2 und Unterabschnitt 4.2.3 überein. Dort konnten Bilder mit Spärlichkeiten von 94% bis 98% verlustfrei rekonstruiert werden, während

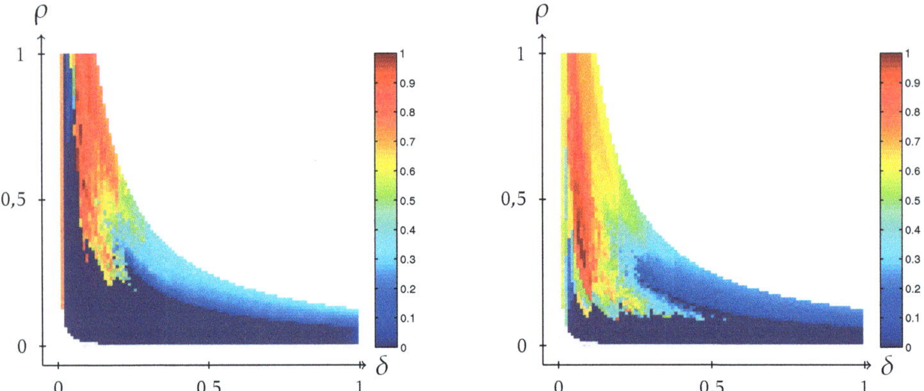

Abbildung 4.20: Phasendiagramme für den Datensatz S_{400}. Der relative Fehler ist in Abhängigkeit von der Unterabtastrate $\delta = m/n$ und der Überabtastrate $\rho = k/m$ dargestellt. Links wurde CoSaMP zur Rekonstruktion verwendet, rechts OMP.

das simulierte Phantom mit einer Spärlichkeit von 90% weder mit CoSaMP noch mit OMP exakt rekonstruiert werden konnte. Die hohen schmalen Bereiche der Phasendiagramme, bei denen unter Anwendung von CoSaMP bei sehr niedrigen Unterabtastraten exakte Rekonstruktionsergebnisse erzielt werden, zeigen das Potential dieser Anwendung von CS. Weiteres Verbesserungspotential bei dieser Anwendung von CS steckt vor allem in einer spezifischen Anpassung der verwendeten Rekonstruktionsparameter. Durch eine geeignete Wahl dieser Parameter kann die Anzahl der benötigten Messwerte weiter gesenkt werden. In den durchgeführten Experimenten wurde das bei der Rekonstruktion zugelassene Spärlichkeitslevel auf $\|\hat{x}\|_0 = \lfloor m/2 \rfloor$ festgelegt. Abbildung 4.21 zeigt exemplarisch ein Beispiel dafür, dass das durch den Algorithmus erlaubte Spärlichkeitslevel einen wesentlichen Einfluss auf das Rekonstruktionsergebnis hat. Dort wurde die Rekonstruktion eines nichtbinären Phantoms mit dem CoSaMP-Algorithmus für S_{400} mit 249 Messwerten betrachtet. Das bedeutet, dass in dem rekonstruierten Bild höchstens 124 Pixel einen von null verschiedenen Wert erhalten können. In diesem Fall beträgt die Spärlichkeit 69%. Abbildung 4.21 (a) zeigt das Rekonstruktionsergebnis für diese Parameter. Obwohl viele Pixel korrekt rekonstruiert wurden, ist der relative Fehler mit 0,61 sehr hoch, vgl. Abbildung 4.16. Außerdem kann man bei diesem Bild kaum noch davon sprechen, dass es spärlich ist. Erhöht man schließlich die geforderte Spärlichkeit auf 90% oder 92,5%, dann wird der Fehler kleiner. Bei einer Spärlichkeit von 95% liegt schließlich eine exakte Rekonstruktion vor. Da die Phasendiagramme eine Spärlichkeit von mindestens 93,75%

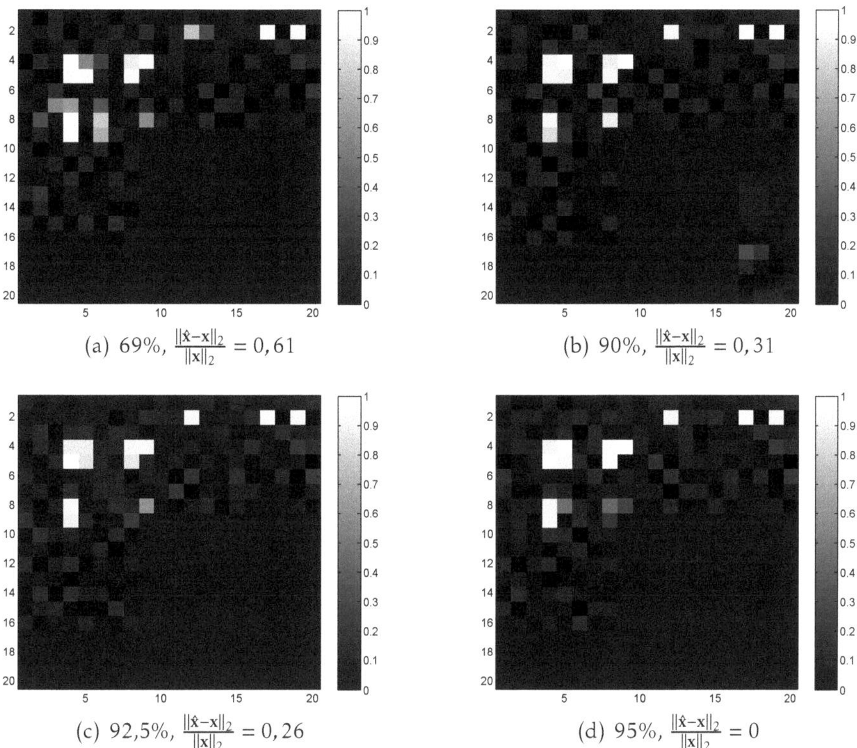

(a) 69%, $\frac{\|\hat{x}-x\|_2}{\|x\|_2} = 0,61$

(b) 90%, $\frac{\|\hat{x}-x\|_2}{\|x\|_2} = 0,31$

(c) 92,5%, $\frac{\|\hat{x}-x\|_2}{\|x\|_2} = 0,26$

(d) 95%, $\frac{\|\hat{x}-x\|_2}{\|x\|_2} = 0$

Abbildung 4.21: Abhängigkeit des Rekonstruktionsergebnisses vom erwarteten Spärlichkeitslevel. Für S_{400} mit $m = 249$ ist das Ergebnis der Rekonstruktion mit CoSaMP exemplarisch dargestellt. Oben links ist das Ergebnis gezeigt, das, wie in den Experimenten zuvor, ein Spärlichkeitslevel von $m/2$ und damit eine Spärlichkeit von 69% erlaubt. Dabei wird ein relativer Fehler von 0,61 gemacht. Bei einer Erhöhung der geforderten Spärlichkeit auf 90% oder 92,5% verbessert sich jeweils das Rekonstruktionsergebnis bis bei einer geforderten Spärlichkeit von 95% eine exakte Rekonstruktion erreicht wird.

für eine erfolgreiche Anwendung von CS vorgeben, werden sich die erzielten Rekonstruktionsergebnisse unter Berücksichtigung dieser Eigenschaft deutlich verbessern lassen.

4.3.2 Rekonstruktion verrauschter Messdaten

In den bislang durchgeführten Experimenten wurden nur ideal simulierte MPI-Systemmatrizen betrachtet. Sowohl diese Messsysteme wie auch die erzeugten Messvektoren sind frei von Rauschen. In den folgenden Experimenten soll untersucht werden, wie sich ein zusätzlicher Rauschterm im Messsignal auf das

Rekonstruktionsergebnis auswirkt.

Bei dieser Betrachtung kann das Messsignal $\mathbf{y}$, das mit additivem Rauschen überlagert wird, beschrieben werden durch:

$$\mathbf{y} = \mathbf{\Phi} \cdot \mathbf{c} + v. \tag{4.1}$$

Dabei ist $\mathbf{\Phi}$ die reduzierte Messmatrix, $\mathbf{c}$ stellt die Partikelkonzentration des zu rekonstruierenden Bildes dar und v beschreibt den Rauschterm, vgl. Unterabschnitt 3.4.4. Für die Untersuchung des Einflusses von Rauschen auf die CS-Rekonstruktion werden Rauschvektoren erzeugt, die ein bestimmtes Signal-Rausch-Verhältnis (SNR) aufweisen. Dabei wird folgende Definition des SNR mit der mittleren Signalamplitude μ_{Signal} des Messsignals verwendet [GW08]:

$$\text{SNR} = \frac{\mu_{\text{Signal}}}{\sigma_{\text{Rauschen}}}. \tag{4.2}$$

Schließlich wird weißes Rauschen mit einem Mittelwert von null und der ermittelten Standardabweichung σ_{Rauschen} generiert und additiv zum Messsignal hinzugefügt.

Für verschiedene Unterabtastraten wurden verrauschte Messsignale für den Datensatz S_{128} und das in Abbildung 4.9 (a) dargestellte Phantom erzeugt und anschließend mit dem CoSaMP-Algorithmus rekonstruiert. Die reduzierten Messsysteme wurden dabei mit der Start-Auswahl erzeugt. In Abbildung 4.22 (a) ist der relative Fehler des Rekonstruktionsergebnisses in Abhängigkeit von der Unterabtastrate dargestellt. Diese Grafik zeigt, dass der relative Fehler bei allen der drei Rauschlevels mit einem SNR von 100, 50 und 10 bei kleinen Unterabtastraten hoch ist und bei $m/n \approx 0,2$ das erste Mal sehr stark auf etwa null abfällt. Anschließend nimmt der Fehler bei steigender Unterabtastrate wieder zu. Dabei oszilliert der Fehler für kleinere SNR stärker. Mit dieser Beobachtung sieht es zunächst danach aus, dass Rauschen im Messsignal die Rekonstruktion wesentlich beeinflusst und verhindert, dass eine verlustfreie Rekonstruktion garantiert werden kann.

Da in anderen Experimenten bereits gezeigt werden konnte, vgl. Abbildung 4.21, dass das erwartete Spärlichkeitslevel einen wesentlichen Einfluss auf das Rekonstruktionsergebnis haben kann, wird dasselbe Experiment noch einmal durchgeführt unter der Annahme, dass das gesuchte Signal mindestens eine Spärlichkeit von 85% aufweist. Die unter dieser Nebenbedingung ermittelten Ergebnisse sind in Abbildung 4.22 (b) gezeigt. Zunächst werden für Unterabtastraten bis 0,3 hohe

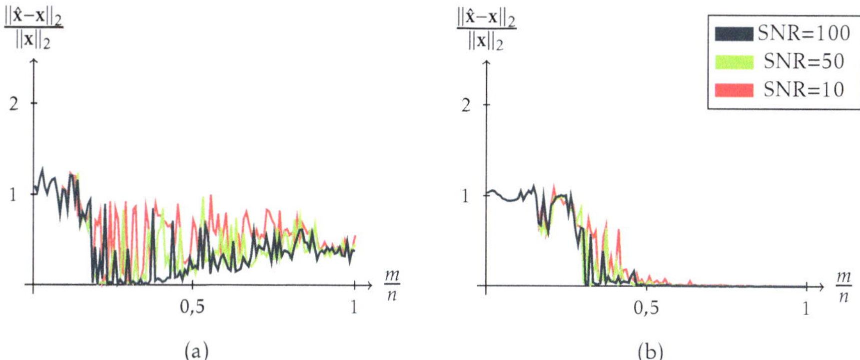

Abbildung 4.22: Relativer Rekonstruktionsfehler bei der Rekonstruktion verrauschter Messsignale für S_{128} unter Verwendung von CoSaMP. Dabei gibt m die Anzahl der Messwerte und n die Anzahl der zu rekonstruierenden Pixel an. $\hat{x}$ ist das Rekonstruktionsergebnis und $\mathbf{x}$ das wahre Signal. (a) zeigt die Ergebnisse für ein maximales Spärlichkeitslevel $k_{\text{Alg}} = \lfloor m/2 \rfloor$, bei (b) wird hingegen eine Spärlichkeit von nur 85% erlaubt.

Fehler bei der Rekonstruktion gemacht, erst bei $m/n = 0,3$ fällt der Fehler auf etwa null ab. Danach oszilliert er stark weiter, wie in dem Experiment zuvor, zeigt dabei im Gegensatz jedoch eine fallende Tendenz. Ab einer Unterabtastrate von etwa 0,5 wird eine verlustfreie Rekonstruktion erreicht. Dabei erlangen verrauschte Messsignale mit großem SNR schneller eine exakte Rekonstruktion als verrauschte Signale mit kleinem SNR.

Diese Experimente zur Untersuchung der Rekonstruktion verrauschter Messsignale im Rahmen einer MPI-Signalaufnahme und Rekonstruktion mit CS verdeutlichen, dass bei der Wahl geeigneter Rekonstruktionsparameter eine verlustfreie Rekonstruktion des Bildes ermöglicht werden kann. Die Rauscheinflüsse führen dazu, dass höhere Unterabtastraten erforderlich sind, um das Bild exakt zu rekonstruieren, vgl. Tabelle 4.2. Dennoch erweist sich das in diesen Experimenten verwendete Rekonstruktionsverfahren als robust gegenüber den Rauschartefakten der Messvektoren.

4.3.3 Betrachtung realistischer Simulationsdaten

Rekonstruktionsexperimente mit realistischen Simulationsdaten geben neben den Experimenten mit verrauschten Messdaten einen Ausblick auf Anwendungsmöglichkeiten von CS im praxisorientierten Umfeld von MPI. Diese Experimente sollen weiterhin untersuchen, wie sich Einflüsse der Magnetfelder, z.B. Inho-

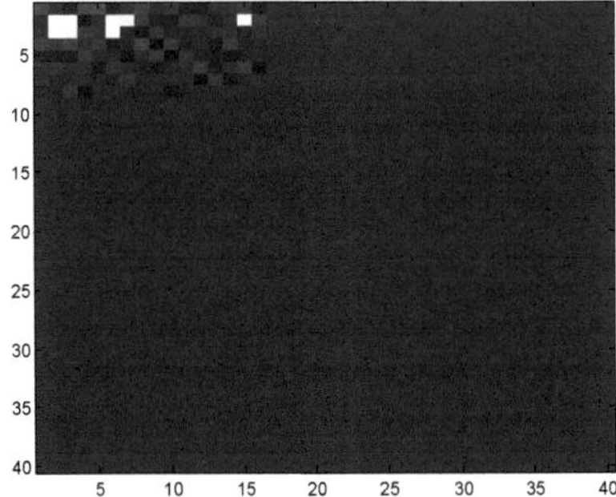

Abbildung 4.23: Spärliches Phantom für den realistisch simulierten Datensatz S_{1600}.

mogenitäten, auf die Rekonstruktionsergebnisse auswirken. Für die folgenden Experimente wurde das Messsystem des Datensatzes S_{1600} verwendet. Es wurde ein zu den in Abbildung 4.9 dargestellten Bildern korrespondierendes Phantom mit Spärlichkeitslevel 8 erzeugt, vgl. Abbildung 4.23. Dieses Phantom weist eine Spärlichkeit von $1 - (8/1600) = 0{,}995$ auf. Zur Generierung der reduzierten Messmatrizen und Messvektoren wurde die Start-Auswahl verwendet. Die anschließende Rekonstruktion wurde mit dem CoSaMP-Algorithmus durchgeführt. Dabei wurden keine Anpassungen der Rekonstruktionsparameter vorgenommen. In Abbildung 4.24 ist der relative Fehler dargestellt, der in den Rekonstruktionsexperimenten für verschiedene Unterabtastraten ermittelt wurde. Bei der Rekonstruktion unter Anwendung von CoSaMP ist der Fehler für kleine Unterabtastraten sehr hoch und fällt bei etwa $m/n = 0{,}125$ sehr stark ab. Anschließend nimmt der Fehler bei steigender Unterabtastrate wieder stetig zu. Aus diesem

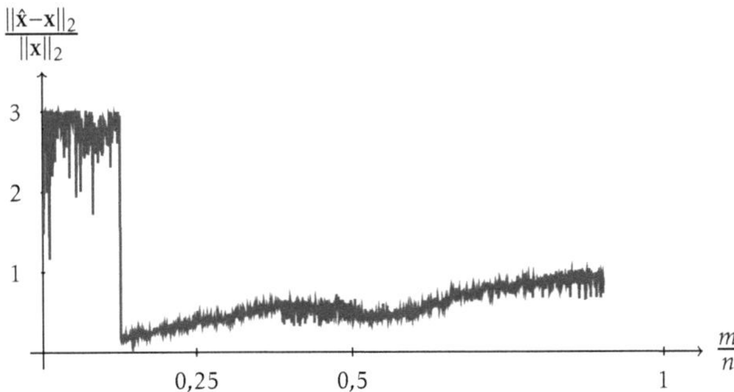

Abbildung 4.24: Relativer Fehler $\|\hat{x} - x\|_2 / \|x\|_2$ zwischen der Rekonstruktion $\hat{x}$ unter Verwendung von CoSaMP und dem Originalsignal x. Die Darstellung des Fehlers wurde auf den Bereich $[0, 3]$ begrenzt.

Verhalten kann kein Grenzwert für die Unterabtastrate angegeben werden, ab der eine verlustfreie Rekonstruktion ermöglicht wird.

Die Rekonstruktionsergebnisse der Experimente mit dem realistisch simulierten Messsystem deuten zunächst darauf hin, dass mit einem unterabgetasteten Messsignal keine verlustfreie Rekonstruktion erreicht werden kann. Vergleicht man jedoch den Fehler, der bei dieser Rekonstruktion mit CoSaMP gemacht wird, vgl. Abbildung 4.24, mit dem Fehler, der bei der Rekonstruktion verrauschter Messdaten entsteht, vgl. Abbildung 4.22 (a), dann zeigen diese in Abhängigkeit von der Unterabtastrate einen sehr ähnlichen Verlauf. Da für die verrauschten Messdaten in Unterabschnitt 4.3.2 durch Anpassung der Rekonstruktionsparameter eine wesentliche Verbesserung erzielt werden konnte und bereits bei einer Unterabtastrate von 0,5 eine verlustfreie Rekonstruktion möglich ist, könnte diese Strategie im Falle von realistischen Messsystemen ebenfalls zielführend sein.

Mit den in dieser Arbeit durchgeführten Experimenten konnte gezeigt werden, dass sowohl ideale als auch realistische MPI-Messsysteme bei einer Betrachtung im Zeitbereich geeignet sind, um CS bei der Signalaufnahme einzusetzen. Neben einer beschleunigten Bildgebung, die sich aus der kürzeren Messdauer für die Bildaufnahme ergibt, hat dieses Verfahren unter geeigneten Bedingungen, z.B. wenn zur Erzeugung der unterabgetasteten Messdaten die Lissajous-Auswahl eingesetzt wird, zwei weitere Vorteile: Erstens kann die Aufnahmezeit der Systemmatrix wesentlich gesenkt werden, da lediglich eine reduzierte Matrix benötigt wird. Zweitens verringert sich damit einhergehend ebenfalls der Speicherbedarf der Systemmatrix.

5 Zusammenfassung und Ausblick

Das neue bildgebende Verfahren Magnetic Particle Imaging (MPI) ermöglicht es, die räumliche Verteilung von magnetischen Tracern *in-vivo* darzustellen. Dabei zählen eine hohe räumliche und zeitliche Auflösung zu den Stärken dieses Verfahrens. Eine Erhöhung einer dieser Parameter bedingt klassischerweise jedoch eine Verringerung des anderen, sodass stets ein Kompromiss aus Ortsauflösung, Bildrate und Signalqualität eingegangen werden muss. Im Rahmen dieser Arbeit konnte gezeigt werden, dass die Dauer der MPI-Signalaufnahme bei gleichbleibender räumlicher Auflösung deutlich verkürzt werden kann. Um dies zu erreichen wird die Theorie des Compressed Sensing (CS) zur Abtastung und Rekonstruktion des MPI-Signals eingesetzt. Die erzielte Beschleunigung resultiert dabei aus der Tatsache, dass unter Anwendung von CS mit geeigneten Bedingungen weniger Abtastwerte als durch das Nyquist-Shannon'sche Abtasttheorem vorgegeben zur verlustfreien Rekonstruktion eines Signals ausreichen. Das bedeutet, dass nicht die Geschwindigkeit der Signalaufnahme erhöht wird, die durch den maximal zulässigen Wärmeeintrag in das untersuchte Gewebe limitiert wird und bereits mit dem klassischen MPI-Verfahren erreicht wird. Stattdessen wird ein unterabgetastetes Messsignal erzeugt, das in einer wesentlich kürzeren Zeit aufgenommen werden kann. Die anschließende Rekonstruktion auf Grundlage der Theorie des CS stellt dabei folgende Anforderungen, um erfolgreich zu sein: Eine ausreichende Spärlichkeit des Signals, eine hohe Inkohärenz des Messsystems und eine nichtlineare Rekonstruktion. Der entscheidende Parameter, auf den bei der MPI-Bildgebung kein wesentlicher Einfluss genommen werden kann, ist das Messsystem. Daher wurden zunächst die Eigenschaften der MPI-Systemmatrizen auf ihre Eignung für eine Anwendung von CS untersucht. Anschließend wurden verschiedene Experimente mit simulierten Daten durchgeführt, die die Möglichkeiten einer beschleunigten MPI-Bildgebung bei gleichbleibender räumlicher Auflösung aufzeigen.

In der Literatur von CS gibt es keine allgemeine mathematische Formulierung, die die Anforderung der Inkohärenz eines beliebigen Messsystems präzisiert. Die

Untersuchung der MPI-Systemmatrizen bezüglich einer geläufigen mathematischen Beschreibung der Inkohärenz hat zunächst gezeigt, dass diese Messsysteme im Zeitbereich hochgradig kohärent sind, wie ausführlich in Abschnitt 4.1 geschildert. Dies deutete darauf hin, dass MPI wenig günstige Voraussetzungen für eine Anwendung von CS aufweisen würde. Mit der anschließenden Betrachtung der Gram'schen Matrizen konnte jedoch eine hohe Orthogonalität der Systemmatrizen festgestellt werden. Da die Orthogonalität die Kernaussage der eingeschränkten Isometriebedingung beschreibt, kann durch sie ebenfalls eine Aussage über die Inkohärenz des Systems getroffen werden. Diese Betrachtung zeigt auf, dass durchaus eine erfolgreiche Anwendung von CS möglich ist. Die Experimente zur praktischen Anwendung von CS haben schließlich demonstriert, dass die MPI-Systemmatrizen für diese Problemstellung gut konditioniert sind.

Die Leistungsfähigkeit der Nutzung von CS bei der MPI-Signalaufnahme wurde in verschiedenen Experimenten erfolgreich untersucht. Zunächst lag das Interesse dabei auf der Fragestellung, wie viele Messwerte für eine verlustfreie Rekonstruktion benötigt werden. In Abhängigkeit von der betrachteten Systemmatrix und der Abtaststrategie, die zur Generierung der reduzierten Messsignale verwendet wird, sind im besten Fall lediglich ein Fünftel der Messwerte nötig, um das MPI-Bild vollständig und verlustfrei zu rekonstruieren. Eine Verringerung der Anzahl der Messwerte ist jedoch nicht in jedem Fall mit einer kürzeren Messdauer gleichzusetzen. Die Anforderungen an Echtzeitaufnahmen und die Komplexität der hier betrachteten Signalaufnahme bei MPI erfordert eine kontinuierliche Abtasttrajektorie. Da üblicherweise Lissajousfiguren als Abtasttrajektorien verwendet werden, ist eine Reduktion der Messwerte nur bezüglich diskreter Werte vorteilhaft. In Bezug auf die Verringerung der Messdauer konnte unter Verwendung von Abtastwerten auf einer weniger dichten Lissajousfigur gezeigt werden, dass bereits ein Siebtel der ursprünglichen Messdauer ausreicht, um unterabgetastete Messdaten aufzunehmen, mit denen eine verlustfreie Rekonstruktion möglich ist.

Diese Arbeit zeigt, dass durch den Einsatz von CS die Messdauer bei MPI ohne Einschränkungen der räumlichen Auflösung reduziert werden kann und somit eine höhere zeitliche Auflösung ermöglicht wird. Dabei wird an das zu rekonstruierende Bild unter Verwendung der hier betrachteten Rekonstruktionsalgorithmen lediglich die Anforderung einer Spärlichkeit von mindestens 93,75% gestellt. Weitere Untersuchungen werden zeigen müssen, ob diese Anforderung an die MPI-Bilder in realen Anwendungen erfüllt werden kann oder ob zusätzliche Spärlichkeitstransformationen eingeführt werden müssen und wie diese sich dann auf die Rekonstruktion auswirken werden. Im Zusammenhang mit der Leistungsfähigkeit der Anwendung von CS hat sich bereits in Abschnitt 4.3 gezeigt, dass bei der hier vorgestellten Anwendung weiteres Verbesserungspotential bezüglich der Beschleunigung der Signalaufnahme vorhanden ist. Insbesondere können die Rekonstruktionsparameter noch detaillierter abgestimmt werden und sich positiv auf die Rekonstruktion auswirken. Mit dem in dieser Arbeit vorgestellten Verfahren zur Reduktion der Messdauer bei MPI und den Möglichkeiten zur weiteren Senkung der Messdauer wird es möglich sein, eine höhere Bildrate bei gleichbleibender räumlicher Auflösung zu erzielen, sodass künftig beispielsweise auch Prozesse abgebildet werden können, für die bisher verwendete Bildraten nicht ausreichen.

A Anhang

A.1 Elektromagnetische Induktion zur Signalaufnahme

Mit dem Induktionsgesetz gilt für die elektrische Feldstärke $\mathbf{E}$ und die magnetische Flussdichte $\mathbf{B}$ der Zusammenhang

$$\mathrm{rot}\,\mathbf{E} = -\frac{\partial \mathbf{B}}{\partial t}. \tag{A.1}$$

In Integralform über den Rand s einer Fläche A gilt dann

$$\oint_{\partial A} \mathbf{E}\,d\mathbf{s} = -\int_{A} \frac{\partial \mathbf{B}}{\partial t} \cdot d\mathbf{A}. \tag{A.2}$$

Für die induzierte Spannung u ergibt sich daraus

$$u(t) = -\frac{d}{dt} \int_{A} \mathbf{B}(\mathbf{r}, t) \cdot d\mathbf{A}. \tag{A.3}$$

Der Zusammenhang zwischen Flussdichte $\mathbf{B}$, Feldstärke $\mathbf{H}$ und Magnetisierung $\mathbf{M}$

$$\mathbf{B} = \mu_0 (\mathbf{H} + \mathbf{M}) \tag{A.4}$$

zeigt, dass das induzierte Signal in zwei Anteile zerlegt werden kann

$$u(t) = -\mu_0 \frac{d}{dt} \int_{\text{Objekt}} \mathbf{p}^{\mathrm{R}}(\mathbf{r}) \cdot \mathbf{M}(\mathbf{r}, t)\, d^3 r \quad \text{und} \quad u^{\mathrm{E}}(t) = -\mu_0 \frac{d}{dt} \oint_{A} \mathbf{H}(\mathbf{r}, t)\, d\mathbf{A}. \tag{A.5}$$

Dabei gibt $\mathbf{p}^{\mathrm{R}}$ die Spulensensitivität an. Mit dieser Herleitung kann ein Zusammenhang zwischen dem bei Magnetic Particle Imaging (MPI) gemessenen Signal, nämlich der induzierte Spannung, und der Partikelmagnetisierung hergestellt werden. Die Herausforderung bei der Bildgebung ist nun die beiden Anteile der induzierten Spannung zu unterscheiden. Dabei gibt $u(t)$ das durch die Partikel erzeugte Signal an, während $u^{\mathrm{E}}(t)$ bei MPI einen durch das Magnetfeld verursachten Störterm darstellt.

A.2 MPI-Bildgebung als Faltung im Zeitbereich

Der Zusammenhang zwischen der induzierten Spannung, die bei MPI gemessen wird, und der Partikelkonzentration kann im Zeitbereich als Faltung dargestellt werden. Diese Herleitung ist größtenteils an [KB12] angelehnt und wird aufgrund der Vollständigkeit hier angegeben.

Die Signalgleichung der induzierten Spannung

$$u(t) = -\mu_0 p_{\mathrm{R}} \int_{-\infty}^{\infty} \frac{\partial M(x,t)}{\partial t} dx \tag{A.6}$$

kann in Abhängigkeit von der Partikelkonzentration c angegeben werden mit

$$M = c \cdot \overline{m} = c(x)\overline{m}(x,t). \tag{A.7}$$

Daraus folgt

$$u(t) = -\mu_0 p_{\mathrm{R}} \int_{-\infty}^{\infty} \frac{\partial (c(x)\overline{m}(x,t))}{\partial t} dx \tag{A.8}$$

$$= -\mu_0 p_{\mathrm{R}} \int_{-\infty}^{\infty} c(x) \frac{\partial \overline{m}(H(x,t))}{\partial t} dx \tag{A.9}$$

$$= -\mu_0 p_{\mathrm{R}} \int_{-\infty}^{\infty} c(x) \frac{\partial \overline{m}(H(x,t))}{\partial H} \frac{\partial H(x,t)}{\partial t} dx. \tag{A.10}$$

Aus der Gleichung des Magnetfeldes

$$H(x,t) = H_{\mathrm{D}}(t) + G_x x \tag{A.11}$$

ergibt sich weiterhin

$$u\left(t\right) = -\mu_0 p_R \int_{-\infty}^{\infty} c\left(x\right) \frac{\partial \overline{m}\left(H_D\left(t\right) + G_x x\right)}{\partial H} \frac{\partial H_D}{\partial t} dx \tag{A.12}$$

$$= -\mu_0 p_R \left(H_D\right)'\left(t\right) \int_{-\infty}^{\infty} c\left(x\right) \frac{\partial \overline{m}\left(H_D\left(t\right) + G_x x\right)}{\partial H} dx. \tag{A.13}$$

Mit der Substitution

$$\tilde{m}\left(x\right) = -\mu_0 p_R \overline{m}'\left(G_x x\right) \tag{A.14}$$

und der Relation $\tilde{m}\left(x\right) = \tilde{m}\left(-x\right)$ folgt schließlich

$$u\left(t\right) = -\mu_0 p_R \left(H_D\right)'\left(t\right) \int_{-\infty}^{\infty} c\left(x\right) \frac{\partial \overline{m}\left(-H_D\left(t\right) - G_x x\right)}{\partial H} dx \tag{A.15}$$

$$= -\mu_0 p_R \left(H_D\right)'\left(t\right) \int_{-\infty}^{\infty} c\left(x\right) \frac{\partial \overline{m}\left(G_x\left(-G_x^{-1} H_D\left(t\right) - x\right)\right)}{\partial H} dx \tag{A.16}$$

$$= \left(H_D\right)'\left(t\right) \int_{-\infty}^{\infty} c\left(x\right) \tilde{m}\left(-G_x^{-1} H_D\left(t\right) - x\right) dx \tag{A.17}$$

$$= \left(H_D\right)'\left(t\right) \left(c * \tilde{m}\right) \underbrace{\left(-G_x^{-1} H_D\left(t\right)\right)}_{x_{\mathrm{FFP}}(t)}. \tag{A.18}$$

Für den 1D-Fall kann die Signalgleichung als Faltung der Partikelkonzentration mit der magnetischen Suszeptibilität gewichtet mit der zeitlichen Ableitung des Drive-Fields angegeben werden. Zusätzlich kann eine Normierung vorgenommen werden, die die variierende Geschwindigkeit des FFP berücksichtigt

$$u_N\left(t\right) = \frac{u\left(t\right)}{\left(H_D\right)'\left(t\right)} = \left(c * \tilde{m}\right) \underbrace{\left(-G_x^{-1} H_D\left(t\right)\right)}_{x_{\mathrm{FFP}}(t)}. \tag{A.19}$$

Durch Koordinatentransformation unter Verwendung von Gleichung 2.15 folgt

$$u_x\left(x_{\mathrm{FFP}}\right) = u_N\left(\frac{1}{2\pi f_E} \arccos\left(\frac{G_x}{A_{D_x}} x_{\mathrm{FFP}}\right)\right) = \left(c * \tilde{m}\right)\left(x_{\mathrm{FFP}}\right). \tag{A.20}$$

A.3 Herleitung von 1D-Systemfunktionen

In [RWGB09] wurde gezeigt, dass die 1D-Systemfunktionen im Frequenzbereich durch Chebyshev-Polynome zweiten Grades repräsentiert werden können. Aus Gründen der Vollständigkeit wird die mathematische Herleitung hier vorgestellt, orientiert sich jedoch im Wesentlichen an [RWGB09].

Nach Gleichung 2.27 kann die Systemfunktion im Frequenzbereich durch

$$\hat{s}(x,k) = -\alpha \cdot \frac{1}{T_R} \int_0^{T_R} \frac{d}{dt}\overline{m}(H(x,t))\,e^{-2\pi i k t/T_R}\,dt \tag{A.21}$$

beschrieben werden, dabei gilt

$$\alpha = \hat{a}(k) \cdot \mu_0 p_R. \tag{A.22}$$

Im Folgenden wird dieser Faktor vernachlässigt. Daher kann die Systemfunktion kurz durch

$$\hat{s}(x,k) = -\frac{1}{T_R} \int_0^{T_R} \frac{d}{dt}\overline{m}(H(x,t))\,e^{-2\pi i k t/T_R}\,dt \tag{A.23}$$

$$= -\frac{1}{T_R} \int_{-T_R/2}^{T_R/2} \overline{m}'(H)\frac{dH}{dt}\,e^{-2\pi i k t/T_R}\,dt \tag{A.24}$$

beschrieben werden. Mit der Abhängigkeit $t = t(H_D)$ und der Spezifizierung $H = -H_D + H_S$ und $dH/dt = dH_D/dt$ kann die Parametrisierung zugunsten der Magnetfeldvariablen geändert werden

$$\hat{s}(x,k) = -\frac{1}{T_R} \int_{H_D(-T_R/2)}^{H_D(T_R/2)} \overline{m}'(-H_D + H_S)\,e^{-2\pi i k t(H_D)/T_R}\,dH_D. \tag{A.25}$$

Aus $H_D(t) = A_{D_x} \cos(2\pi f_E t)$ folgt $t(H_D) = \pm\frac{1}{2\pi f_E}\arccos\left(\frac{H_D}{A_{D_x}}\right)$. Aufgrund der Symmetrie folgt

$$\hat{s}(x,k) = -\frac{1}{T_R}\left(\int_{-A_{D_x}}^{A_{D_x}} \overline{m}'(-H_D + H_S)\, e^{ik\arccos(H_D/A_{D_x})}\, dH_D \right.$$
$$\left. + \int_{A_{D_x}}^{-A_{D_x}} \overline{m}'(-H_D + H_S)\, e^{-ik\arccos(H_D/A_{D_x})}\, dH_D\right) \tag{A.26}$$

$$= -\frac{1}{T_R}\int_{-A_{D_x}}^{A_{D_x}} \overline{m}'(-H_D + H_S)\left(e^{ik\arccos(H_D/A_{D_x})} - e^{-ik\arccos(H_D/A_{D_x})}\right) dH_D \tag{A.27}$$

$$= -\frac{2i}{T_R}\int_{-A_{D_x}}^{A_{D_x}} \overline{m}'(-H_D + H_S)\sin\left(k\arccos\left(\frac{H_D}{A_{D_x}}\right)\right) dH_D \tag{A.28}$$

Mit dem Chebyshev-Polynom zweiten Grades

$$U_k(x) = \frac{\sin((k+1)\arccos x)}{\sin(\arccos x)} \tag{A.29}$$

und $\sin(\arccos x) = \sqrt{1 - x^2}$ folgt

$$\hat{s}(x,k) = -\frac{2i}{T_R}\int_{-A_{D_x}}^{A_{D_x}} \overline{m}'(-H_D + H_S)\, U_{k-1}\left(\frac{H_D}{A_{D_x}}\right)\sqrt{1 - \left(\frac{H_D}{A_{D_x}}\right)^2}\, dH_D. \tag{A.30}$$

Aus der Definition der Faltung $(f * g)(x) := \int f(\tau)g(x-\tau)\, d\tau$ folgt schließlich

$$\hat{s}(x,k) = -\frac{2i}{T_R}\overline{m}'(H_S) * \left(U_{k-1}\left(\frac{H_S}{A_{D_x}}\right)\sqrt{1 - \left(\frac{H_S}{A_{D_x}}\right)^2}\right). \tag{A.31}$$

Im 1D-Fall mit einem konstanten Gradientenfeld $H_S = G_x \cdot x$ ergibt sich

$$\hat{s}(x,k) = -\frac{2i}{T_R}\overline{m}'(G_x x) * \left(U_{k-1}\left(\frac{G_x x}{A_{D_x}}\right)\sqrt{1 - \left(\frac{G_x x}{A_{D_x}}\right)^2}\right). \tag{A.32}$$

Wird weiterhin angenommen, dass die Partikel ein ideales Magnetisierungsverhalten aufweisen, das durch die Signum-Funktion beschrieben wird

$$\operatorname{sgn}(H) = \begin{cases} 1, & H > 0 \\ 0, & H = 0, \\ -1, & H < 0 \end{cases} \tag{A.33}$$

dann kann die Partikelmagnetisierung durch

$$\overline{m}(H) = m_0 \cdot \operatorname{sgn}(H) \tag{A.34}$$

$$\Leftrightarrow \quad \overline{m}'(H) = m_0 \cdot 2\delta(H) \tag{A.35}$$

bestimmt werden. m_0 ist dabei die Sättigungsmagnetisierung. Die ideale Systemfunktion ist schließlich

$$\hat{s}^{\text{ideal}}(x, k) = -\frac{4m_0 \mathrm{i}}{T_{\mathrm{R}}} U_{k-1}\left(\frac{H_{\mathrm{S}}}{A_{\mathrm{D}_x}}\right)\sqrt{1 - \left(\frac{H_{\mathrm{S}}}{A_{\mathrm{D}_x}}\right)^2}. \tag{A.36}$$

Literaturverzeichnis

[BA04]   BRIXIUS, N. W. ; ANSTREICHER, K M.: The Steinberg wiring problem. In: *The Sharpest Cut: The Impact of Manfred Padberg and His Work.* SIAM, 2004, S. 293–307 52

[BCT11] BLANCHARD, J. D. ; CARTIS, C. ; TANNER, J.: Compressed sensing: how sharp is the restricted isometry property? In: *SIAM Review* 53 (2011), S. 105–125 29, 36

[Bie12] BIEDERER, S.: *Magnet-Partikel-Spektrometer: Entwicklung eines Spektrometers zur Analyse superparamagnetischer Eisenoxid-Nanopartikel für Magnetic-Particle-Imaging.* Springer Verlag, 2012 (Aktuelle Forschung Medizintechnik) 18, 22

[BSK⁺10] BIEDERER, S. ; SATTEL, T. F. ; KNOPP, T. ; ERBE, M. ; BUZUG, T. M.: Improving the image quality in MPI by a travelling phase trajectory. In: *Proceedings of the International Society for Magnetic Resonance in Medicine* 18 (2010), S. 3296 40

[BSKB10] BIEDERER, S. ; SATTEL, T. F. ; KNOPP, T. ; BUZUG, T. M.: Variable Trajektoriendichte für Magnetic Particle Imaging. In: *Bildverarbeitung für die Medizin* (2010), S. 6–10 40

[Cai03] CAIZER, C.: T^2 law for magnetite-based ferrofluids. In: *Journal of Physics: Condensed Matter* 15 (2003), S. 765–776 6

[CC64]   CHIKAZUMI, S. ; CHARAP, S. H.: *Physics of magnetism.* Wiley, 1964 6

[CDS98] CHEN, S. S. ; DONOHO, D. L. ; SAUNDERS, M. A.: Atomic decomposition by basis pursuit. In: *SIAM Journal on Scientific Computing* 20 (1998), S. 33–61 28

[CENR11] CANDÈS, E. J. ; ELDAR, Y. C. ; NEEDELL, D. ; RANDALL, P.: Compressed sensing with coherent and redundant dictionaries. In: *Applied and Computational Harmonic Analysis* 31 (2011), S. 59–73 28, 30

[CRT06a] CANDÈS, E. C. ; ROMBERG, J. ; TAO, T.: Robust uncertainty principles: exact signal reconstruction from highly incomplete frequency information. In: *IEEE Transactions on Information Theory* 52 (2006), S. 489–509 22, 27

[CRT06b] CANDÈS, E. C. ; ROMBERG, J. ; TAO, T.: Stable signal recovery from incomplete and inaccurate measurements. In: *Communications on Pure and Applied Mathematics* 59 (2006), S. 1207–1223 22, 24, 29

[DE11] DUARTE, M. F. ; ELDAR, Y. C.: Structured compressed sensing: from theory to applications. In: *IEEE Transactions on Signal Processing* 59 (2011), S. 4053–4085 26

[DLW96] DENG, L.-Y. ; LIN, D. K. J. ; WANG, J.: A measurement of multi-factor orthogonality. In: *Statistics & Probability Letters* 28 (1996), S. 203–209 33

[DNW13] DAVENPORT, M. A. ; NEEDELL, D. ; WAKIN, M. B.: Signal Space CoSaMP for sparse recovery with redundant dictionaries. In: *IEEE Transactions on Information Theory* (2013). http://users.ece.gatech.edu/~mdavenport/software/ 29, 35

[Don06] DONOHO, D. L.: Compressed sensing. In: *IEEE Transactions on Information Theory* 52 (2006), S. 1289–1306 2, 22, 29

[DS06] DONOHO, D. L. ; STODDEN, V.: Breakdown point of model selection when the number of variables exceeds the number of observations. In: *International Joint Conference on Neural Networks*, 2006 36, 37

[DT09] DONOHO, D. L. ; TANNER, J.: Observed universality of phase transitions in high-dimensional geometry, with implications for modern data analysis and signal processing. In: *Computing Research Repository* abs/0906.2530 (2009) 28, 36

[Ela10] ELAD, M.: *Sparse and redundant representations: from theory to applications in signal and image processing*. Springer Verlag, 2010 27

[Gla13] GLADISS, A. von: *Compressed Sensing und sparse Rekonstruktion bei Magnetic Particle Imaging*, Universität zu Lübeck, Masterarbeit, 2013 2, 45, 49

[GW05] GLEICH, B. ; WEIZENECKER, J.: Tomographic imaging using the nonlinear response of magnetic particles. In: *Nature* 435 (2005), S. 1214–1217 1, 5, 9, 17, 21

[GW08] GONZÁLEZ, R. C. ; WOODS, R. E.: *Digital image processing*. Prentice Hall, 2008 72

[KB12] KNOPP, T. ; BUZUG, T. M.: *Magnetic particle imaging: an introduction to imaging principles and scanner instrumentation*. Springer Verlag, 2012 1, 2, 8, 18, 82

[KBS⁺09] KNOPP, T. ; BIEDERER, S. ; SATTEL, T. ; WEIZENECKER, J. ; GLEICH, B. ; BORGERT, J. ; BUZUG, T. M.: Trajectory analysis for magnetic particle imaging. In: *Physics in Medicine and Biology* 54 (2009), S. 385–397 20

[KBS⁺10] KNOPP, T. ; BIEDERER, S. ; SATTEL, T. F. ; RAHMER, J. ; WEIZENECKER, J. ; GLEICH, B. ; BORGERT, J. ; BUZUG, T. M.: 2D model-based reconstruction for magnetic particle imaging. In: *Medical Physics* 37 (2010), S. 485–491 18

[Kno10] KNOPP, T.: *Effiziente Rekonstruktion und alternative Spulentopologien für Magnetic-Particle-Imaging*, Universität zu Lübeck, Dissertation, 2010 37, 38

[KRS⁺10] KNOPP, T. ; RAHMER, J. ; SATTEL, T. F. ; BIEDERER, S. ; WEIZENECKER, J. ; GLEICH, B. ; BORGERT, J. ; BUZUG, T. M.: Weighted iterative reconstruction for magnetic particle imaging. In: *Physics in Medicine and Biology* 55 (2010), S. 1577–1589 20

[KSB⁺10] KNOPP, T. ; SATTEL, T. F. ; BIEDERER, S. ; RAHMER, J. ; WEIZENECKER, J. ; GLEICH, B. ; BORGERT, J. ; BUZUG, T. M.: Model-based reconstruction for magnetic particle imaging. In: *IEEE Transactions on Medical Imaging* 29 (2010), S. 12–18 18

[Kut12] KUTYNIOK, G.: Compressed sensing: theory and applications. In: *Computing Research Repository* abs/1203.3815 (2012) 27, 28

[KW13] KNOPP, T. ; WEBER, A.: Sparse reconstruction of the magnetic particle imaging system matrix. In: *IEEE Transactions on Medical Imaging* (2013) 2, 45, 49

[LBR⁺12] LAMPE, J. ; BASSOY, C. ; RAHMER, J. ; WEIZENECKER, J. ; VOSS, H. ; GLEICH, B. ; BORGERT, J.: Fast reconstruction in magnetic particle imaging. In: *Physics in Medicine and Biology* 57 (2012), S. 1113–1134 2

[LDP07] LUSTIG, M. ; DONOHO, D. ; PAULY, J. M.: Sparse MRI: the application of compressed sensing for rapid MR imaging. In: *Magnetic Resonance in Medicine* 58 (2007), S. 1182–1195 2, 24, 45

[LDSP08] LUSTIG, M. ; DONOHO, D. L. ; SANTOS, J. M. ; PAULY, J. M.: Compressed sensing MRI. In: *IEEE Signal Processing Magazine* (2008), S. 72–82 2

[Mol10] MOLER, C.: Magische Rekonstruktion: Compressed Sensing. In: *MathWorks News&Notes* (2010) 24

[NT10] NEEDELL, D. ; TROPP, J. A.: CoSaMP: iterative signal recovery from incomplete and inaccurate samples. In: *Communications of the ACM* 53 (2010), S. 93–100 29, 34

[Nyq49] NYQUIST, H.: Communications in the presence of noise. In: *Proceedings of the IRE* 37 (1949), S. 10–21 2

[RGBW10] RAHMER, J. ; GLEICH, B. ; BORGERT, J. ; WEIZENECKER, J.: 3D real-time magnetic particle imaging: encoding and reconstruction aspects. In: *Magnetic Nanoparticles* (2010), S. 126–131 19

[RWGB09] RAHMER, J. ; WEIZENECKER, J. ; GLEICH, B. ; BORGERT, J.: Signal encoding in magnetic particle imaging: properties of the system function. In: *BMC Medical Imaging* 9 (2009), S. 4 18, 84

[Web12] WEBER, A.: *Symmetrie und Compressed-Sensing bei Magnetic-Particle-Imaging*, Karlsruhe Institute of Technology, Diplomarbeit, 2012 2, 45, 49

[WGRB09] WEIZENECKER, J. ; GLEICH, B. ; RAHMER, J. ; BORGERT, J.: Three-dimensional real-time in vivo magnetic particle imaging. In: *Physics in Medicine and Biology* 54 (2009) 2

Humanmedizin

Biomedical Engineering

Entrepreneurship in
Digitalen Technologien

Infection Biology

Informatik

Im Focus das Leben

Mathematik in Medizin und
Lebenswissenschaften

Medieninformatik

Medizinische Informatik

Medizinische
Ingenieurwissenschaft

Molecular Life Science

Pflege

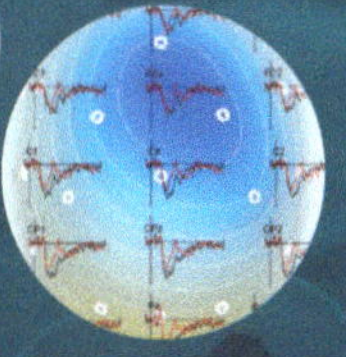

Psychologie

www.uni-luebeck.de

Infinite Science Publishing provides a publication platform for excellent theses as well as scientific monographies and conference proceedings for reasonable costs.

These publications enable scientists and research organizations to reach the maximum attention for their results.

The service of Infinite Science Publishing comprises the entire range from the publication of print-ready documents up to cover design as well as copy-editing of single articles.

Infinite Science Publishing is an imprint of the Infinite Science GmbH, a University of Lübeck spin-off and service partner of the BioMedTec Science Campus.

www.infinite-science.de/publishing

Infinite Science GmbH
MFC 1 | BioMedTec Wissenschaftscampus
Maria-Goeppert-Str. 1, 23562 Lübeck
book@infinite-science.de